全国高等职业教育规划教材

AutoCAD 2007 中文版应用教程

郑运廷　主编

朱维克　王志甫　袁清海　副主编

机械工业出版社

本书以 AutoCAD 2007 中文版为基础，由浅入深，详细地讲述了 AutoCAD 2007 中文版的使用方法及功能。全书共分 15 章，主要内容有：AutoCAD 2007 的工作界面及使用；绘图基础和绘图环境设置；图形绘制和编辑；设置图层和使用块；文字注释和尺寸标注；三维图形的绘制；图形输出以及专业绘图技巧等。在每章的后面都附有精选的上机练习和习题。

本书突出实用性，以大量的插图、丰富的应用实例、通俗的语言，结合建筑、机械行业制图的不同需要和标准而编写，既能满足初学者的要求，又能使有一定基础的用户快速掌握 AutoCAD 2007 新增功能的使用技巧。

本书既可作为高等院校、高职、高专等工科院校的教材，也可作为工程技术人员的自学参考书。

图书在版编目（CIP）数据

AutoCAD 2007中文版应用教程/郑运延主编. —北京：机械工业出版社，2006.8（2023.8 重印）

（全国高等职业教育规划教材）

ISBN 978-7-111-19709-6

Ⅰ．A… Ⅱ．郑… Ⅲ．计算机辅助设计 – 应用软件，Auto CAD 2007–

高等学校：技术学校 – 教材 Ⅳ．①TP391.72

中国版本图书馆 CIP 数据核字（2006）第 089755 号

机械工业出版社（北京市百万庄大街 22 号　邮政编码 100037）

策　　划：胡毓坚

责任编辑：曹帅鹏

责任印制：邓　博

北京盛通商印快线网络科技有限公司印刷

2023 年 8 月第 1 版第 22 次印刷

184mm×260mm　17.25 印张·424 千字

标准书号：ISBN 978-7-111-19709-6

定价：49.00 元

电话服务　　　　　　　　网络服务

客服电话：010-88361066　机　工　官　网：www.cmpbook.com

　　　　　010-88379833　机　工　官　博：weibo.com/cmp1952

　　　　　010-68326294　金　书　网：www.golden-book.com

封底无防伪标均为盗版　机工教育服务网：www.cmpedu.com

全国高等职业教育规划教材
机电专业编委会成员名单

出 版 说 明

根据《教育部关于以就业为导向深化高等职业教育改革的若干意见》中提出的高等职业院校必须把培养学生动手能力、实践能力和可持续发展能力放在突出的地位，促进学生技能的培养，以及教材内容要紧密结合生产实际，并注意及时跟踪先进技术的发展等指导精神，机械工业出版社组织全国近 60 所高等职业院校的骨干教师对在 2001 年出版的"面向 21 世纪高职高专系列教材"进行了全面的修订和增补，并更名为"全国高等职业教育规划教材"。

本系列教材是由高职高专计算机专业、电子技术专业和机电专业教材编委会分别会同各高职高专院校的一线骨干教师，针对相关专业的课程设置，融合教学中的实践经验，同时吸收高等职业教育改革的成果而编写完成的，具有"定位准确、注重能力、内容创新、结构合理和叙述通俗"的编写特色。在几年的教学实践中，本系列教材获得了较高的评价，并有多个品种被评为普通高等教育"十一五"国家级规划教材。在修订和增补过程中，除了保持原有特色外，针对课程的不同性质采取了不同的优化措施。其中，核心基础课的教材在保持扎实的理论基础的同时，增加实训和习题；实践性较强的课程强调理论与实训紧密结合；涉及实用技术的课程则在教材中引入了最新的知识、技术、工艺和方法。同时，根据实际教学的需要对部分课程进行了整合。

归纳起来，本系列教材具有以下特点：

（1）围绕培养学生的职业技能这条主线来设计教材的结构、内容和形式。

（2）合理安排基础知识和实践知识的比例。基础知识以"必需、够用"为度，强调专业技术应用能力的训练，适当增加实训环节。

（3）符合高职学生的学习特点和认知规律。对基本理论和方法的论述要容易理解、清晰简洁，多用图表来表达信息；增加相关技术在生产中的应用实例，引导学生主动学习。

（4）教材内容紧随技术和经济的发展而更新，及时将新知识、新技术、新工艺和新案例等引入教材。同时注重吸收最新的教学理念，并积极支持新专业的教材建设。

（5）注重立体化教材建设。通过主教材、电子教案、配套素材光盘、实训指导和习题及解答等教学资源的有机结合，提高教学服务水平，为高素质技能型人才的培养创造良好的条件。

由于我国高等职业教育改革和发展的速度很快，加之我们的水平和经验有限，因此在教材的编写和出版过程中难免出现问题和错误。我们恳请使用这套教材的师生及时向我们反馈质量信息，以利于我们今后不断提高教材的出版质量，为广大师生提供更多、更适用的教材。

机械工业出版社

前　言

AutoCAD 2007 是美国 Autodesk 公司于 2006 年开发的 AutoCAD 的最新版本，是当今最优秀的计算机辅助设计软件之一，被广泛应用于机械、建筑、电子和航天等诸多工程领域。

AutoCAD 2007 中文版集成了许多新的功能，包括最快速的运行速度、崭新的工具选项板、简易化的图表设置和文字编辑、高效的图形处理和高质量的图形演示以及网络功能的提高，使得用户可以更快地创建设计数据、更轻松地共享设计数据和更有效地管理软件。

为了帮助广大学生和工程技术人员尽快掌握 AutoCAD 2007 的使用方法，本书以通俗的语言，大量的插图和实例，由浅入深详细地讲解了 AutoCAD 软件的强大功能和 AutoCAD 2007 的新增功能。本书的主要特点：

1）初学者无需先学 AutoCAD 的低版本，可以直接进入 AutoCAD 2007 的学习。因为 AutoCAD 2007 完全克服了低版本的不足之处。本书是以 AutoCAD 2007 为基础讲述的。

2）本书突出实用性，以实例介绍了 AutoCAD 2007 绘制机械和建筑图样的功能，讲解中配有大量的图例和详细步骤，并在每一章节后面安排了相应的上机练习和指导，使其内容更易操作和掌握。

3）本书考虑了内容的系统性，结构安排合理，适合于理论课和上机操作的交叉进行。根据学生特点，讲解循序渐进，知识点逐渐展开，利于读者理解书中内容。

本书共分 15 章，第 1 章介绍 AutoCAD 的基本概念；第 2 章介绍基本绘图命令；第 3 章介绍如何设置绘图环境；第 4 章介绍图层、线型及颜色的概念和设置；第 5、6 章介绍绘制和编辑二维图形的方法；第 7 章介绍文字的标注方法和表格的创建方法；第 8 章介绍图块的概念和应用；第 9 章介绍图案填充和对象特性编辑；第 10 章介绍尺寸标注方法；第 11 章介绍 AutoCAD 设计中心的应用；第 12、13 章介绍三维模型的创建和编辑；第 14 章介绍图形文件的输出；第 15 章介绍专业图样的绘制；附录中介绍 AutoCAD 2007 的常用命令。本书结合建筑、机械行业制图的不同需要而编写，既能满足初学者的要求，又能使有一定基础的用户快速掌握 AutoCAD 2007 新增功能的使用技巧。

本书由郑运廷任主编，朱维克、王志甫、袁清海任副主编，参加编写的作者及具体分工如下：第 1、4、8 章由郑运廷编写，第 2、10 章由朱维克编写，第 3、5 章由王志甫写，第 6、11 章由袁清海编写，第 7 章由盛亚菲、盛任、陈明非编写，第 9、12 章由周宜富编写，第 13 章由刘瑞新、丁汝轩、石怀伦编写，第 14 章由张丽娜、时和娜、臧顺娟编写，第 15 章由张玉胜、褚杰辉编写，附录由催瑛瑛、李建彬编写。在编写过程中得到了许多同行的帮助和支持，在此表示感谢。由于编者水平有限，书中错误之处难免，欢迎读者对本书提出宝贵意见和建议。

编　者

目　录

第1章　AutoCAD 的基本知识

AutoCAD 是美国 Autodesk 公司开发的通用计算机辅助设计（Computer Aided Design）软件包，是当今设计领域应用最广泛的现代化绘图工具。AutoCAD 自 1982 年诞生以来，经过不断地改进和完善，经历了十多次的版本升级，于 2006 年又推出 AutoCAD 2007 最新版本，使其性能和功能都有较大的增强，同时保证了与低版本的完全兼容。

1.1　AutoCAD 的主要功能

AutoCAD 是一种通用的计算机辅助设计软件，与传统设计相比，AutoCAD 的应用大大提高了绘图的速度，也为设计出质量更高的作品提供了更为先进的方法。

1．绘图功能

AutoCAD 2007 的绘图功能如下：

● 创建二维图形。用户可以通过输入命令来完成点、直线、圆弧、椭圆、矩形、正多边形、多段线、样条曲线、多线等的绘制。针对相同图形的不同情况，AutoCAD 还提供了多种绘制方法供选择，例如圆的绘制方法就有多种。
● 创建三维实体。AutoCAD 提供了球体、圆柱体、立方体、圆锥体、圆环体和楔体共六种基本实体的绘制命令，并提供了拉伸、旋转、布尔运算等功能来改变其形状。
● 创建线框模型。AutoCAD 可以通过三维坐标来创建实体对象的线框模型。
● 创建曲面模型。AutoCAD 提供的创建曲面模型的方法有：旋转曲面、平移曲面、直纹曲面、边界曲面、三维曲面等。

2．编辑功能

中文版 AutoCAD 2007 不仅具有强大的绘图功能，而且还具有强大的图形编辑功能。例如：对于图形或线条对象，可以采用删除、恢复、移动、复制、镜像、旋转、修剪、拉伸、缩放、倒角、倒圆角等方法进行修改和编辑。

AutoCAD 2007 具有强大的文字标注和尺寸标注功能，还具有创建和编辑表格的功能。

3．图形显示功能

AutoCAD 可以任意调整图形的显示比例，以便观察图形的全部或局部，并可以使图形上、下、左、右地移动来进行观察。

AutoCAD 为用户提供了六个标准视图（六种视角）和四个轴测视图，可以利用视点工具设置任意的视角，还可以利用三维动态观察器设置任意的透视效果。

AutoCAD 最终可以根据打印设置将图样打印出来。

4．二次开发功能

用户可以根据需要来自定义各种菜单及与图形有关的一些属性。AutoCAD 提供了一种内部的 Visual LISP 编辑开发环境，用户可以使用 LISP 语言定义新命令，开发新的应用和解决方案。

用户还可以利用 AutoCAD 的一些编辑接口 Object ARX，使用 Visual C++和 Visual Basic 语言对其进行二次开发。

1.2 启动 AutoCAD 2007 中文版

本节介绍启动 AutoCAD 2007 中文版的方法。

1.2.1 启动 AutoCAD 2007 的方法

可用下列两种方法之一启动 AutoCAD 2007 中文版：
- 双击桌面上的 AutoCAD 2007 快捷方式图标，如图 1-1 所示。
- 单击"开始"菜单按钮→"程序"→"Autodesk"→"AutoCAD 2007"。

1.2.2 "启动"对话框的操作

AutoCAD 2007 中文版启动后，首先打开"工作空间"对话框，如图 1-2 所示。

图 1-1　桌面启动 AutoCAD 2007　　　　　　　图 1-2　"工作空间"对话框

"工作空间"对话框有两个选项：如选择"三维建模"，则使用三维图形样板文件通过三维视图打开，将显示用于三维绘图的界面；如选择"AutoCAD 经典"，则使用默认图形样板文件打开，将显示经典默认界面。

选项后，如果单击"确定"按钮，将打开"启动"对话框，如图 1-3 所示。如果选中"不再显示此消息"，则下次启动不再打开"工作空间"对话框而直接打开"启动"对话框。下面介绍"启动"对话框的主要功能。

1."启动"对话框

"启动"对话框上面的 4 个图标自左向右分别是："打开图形"图标、"从草图开始"图标、"使用样板"图标和"使用向导"图标。

（1）"打开图形"图标

单击此图标，在对话框的"选择文件"列表框中列出最近曾打开的几个图形文件，如图 1-4 所示。从中选择或通过预览选择要打开的文件名，单击"确定"按钮，系统进入绘图状态并打开文件。

图1-3　"启动"对话框　　　　　　　　　图1-4　"打开图形"的"启动"对话框

（2）"从草图开始"图标□

单击此图标，在对话框的"默认设置"列表框中列出两个选项："英制"和"公制"，默认状态为公制，如图1-5所示。系统将使用默认设置的绘图环境开始绘图。

（3）"使用样板"图标□

单击此图标，在对话框的"选择样板"列表框中列出所有样板文件。系统默认的样板文件为Acadiso.dwt文件。具体操作在1.4.1节详细介绍。

（4）"使用向导"图标□

单击此图标，在对话框的"选择向导"列表框中列出两个选项："高级设置"和"快速设置"，如图1-3所示。下面着重介绍"使用向导"的操作。

2．使用向导创建图形

AutoCAD 2007引导用户使用"高级设置"和"快速设置"进行绘图设置。

选择"高级设置"选项后，可以进行"单位"设置，操作如下：

（1）设置"单位"

如图1-6所示，AutoCAD 2007提供了5种测量单位：

"小数"即十进制（Decimal）　　　　　例如：15.5000
"工程"（Engineering）　　　　　　　　例如：1'-3.5000"
"建筑"（Architectural）　　　　　　　例如：1'-3 1/2"
"分数"（Fractional）　　　　　　　　例如：15 1/2
"科学"（Scientific）　　　　　　　　例如：1.5500E+ 01

单击图1-6所示对话框中右侧的某单选钮，框内出现小圆点即表示该项被选中，右边的图形给出了当前所选单位的形式。系统默认单位是"小数"。

图1-5　"从草图开始"的"启动"对话框　　　图1-6　"单位"设置的"高级设置"对话框

单位设置后，单击"下一步"按钮，可以进行"角度"设置，如图 1-7 所示。

（2）设置"角度"

AutoCAD 2007 提供了 5 种单位，系统默认单位是"十进制度数"。用户可以在"十进制角度"（Decimal Degrees）、"度/分/秒"（Deg/Min/Sec）、"百分度"（Grads）、"弧度"（Radians）、"勘测"（Surveyor）5 种角度单位中选择所需的角度单位，并可通过"精度"下拉列表框来确定单位的精度。

单位设置后，单击"下一步"按钮，可以进行"角度测量"设置，如图 1-8 所示。

图 1-7 "角度"设置的"高级设置"对话框　　图 1-8 "角度测量"设置的"高级设置"对话框

（3）设置"角度测量"

AutoCAD 2007 提供了 5 种测量方向，用于设置"0"度的方向。系统默认方向是"东"。单位设置后，单击"下一步"按钮，可以进行"角度方向"设置，如图 1-9 所示。

（4）设置"角度方向"

用于确定角度值增加的方向。系统默认方向是"逆时针"。单位设置后，单击"下一步"按钮，可以进行"区域"设置，如图 1-10 所示。

图 1-9 "角度方向"设置的"高级设置"对话框　　图 1-10 "区域"设置的"高级设置"对话框

（5）设置"区域"

用于设置图纸的大小。系统默认图纸大小为宽度=420mm，长度=297mm（A3 的图纸幅面）。区域设置后，单击"完成"按钮，系统按设置进入绘图状态。

选择"快速设置"选项，操作如下：

"快速设置"只有"高级设置"中的两项操作："单位"设置和"区域"设置，如图 1-11 和图 1-12 所示。设置方法相同，设置后可以较快地进入绘图状态。

4

图 1-11　选择"快速设置"的"启动"对话框　　　　图 1-12　"快速设置"对话框

3. "新功能专题研习"对话框

在每次完成"启动"对话框操作时，系统会自动打开"新功能专题研习"对话框，如图 1-13 所示。

"新功能专题研习"对话框的内容包括一系列交互式动画演示、教程和功能说明，可以帮助用户了解新增功能，如果单击"是"单选钮时，打开"新功能专题研习"对话框的主菜单，如图 1-14 所示；若单击"以后再说"单选钮时，将关闭该对话框，进入绘图界面；若单击"不，不再显示此消息"单选钮时，则关闭该对话框，并在启动时，不再打开此对话框。如果需要时，可以在"帮助"菜单中选择"新功能专题研习"命令，即可打开"新功能专题研习"对话框。

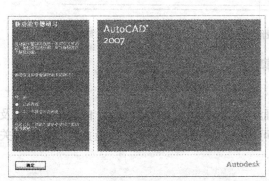

图 1-13　"新功能专题研习"对话框　　　　图 1-14　"新功能专题研习"对话框的主菜单

4. 说明

安装 AutoCAD 2007 软件后的第一次启动，会显示出注册向导，此时用户可以根据向导对 AutoCAD 2007 进行注册，随后即可使用。

如果不想进行"启动"对话框的设置就直接进入绘图界面，或打开的系统没有出现"启动"对话框，需要打开"启动"对话框时，可以按照以下步骤操作：

① 单击"工具"菜单。

② 选取"选项"命令。

③ 打开"系统"选项卡。

④ 在"基本选项"选项组的"启动"下拉列表框中选项。

5

具体说明参见 3.1.3 节。

1.3　AutoCAD 2007 的窗口界面

启动 AutoCAD 2007 中文版后，便进入到崭新的用户界面，如图 1-15 所示。用户界面主要由标题行、菜单栏、各种工具栏、绘图区、光标、命令行、状态栏、坐标系图标等组成。

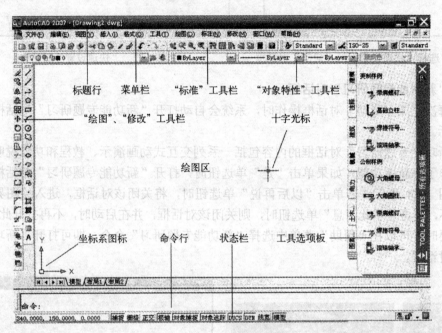

图 1-15　窗口界面

1．标题行

AutoCAD 2007 标题行在用户界面的最上面，用于显示 AutoCAD 2007 的程序图标以及当前图形文件的名称。标题行右边的各按钮，可用来实现窗口的最小化、最大化、还原和关闭，操作方法与 Windows 界面操作相同。

2．菜单栏

菜单栏是 AutoCAD 2007 的主菜单，集中了大部分绘图命令，单击主菜单的某一项，会显示出相应的下拉菜单，如图 1-16 所示。

菜单项后面有"…"（省略号）时，表示单击该选项后，会打开一个对话框。

菜单项后面有"▶"（黑色的小三角）时，表示该选项还有子菜单。

当菜单项为浅灰色时，表示在当前条件下，这些命令不能使用。

3．工具栏

AutoCAD 2007 共提供了二十多个工具栏，通过这些工具栏可以实现大部分操作，其中常用的默认工具为"标准"工具栏、"绘图"工具栏、"修改"工具栏、"图层"工具栏、"对象特性"工具栏、"样式"工具栏。图 1-17 所示为处于浮动状态下的"标准"工具栏、"绘图"工具栏和"修改"工具栏。

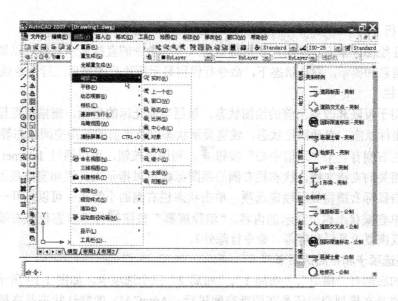

图 1-16 菜单栏的操作

如果把光标指向某个工具按钮并停顿一下，屏幕上就会显示出该工具按钮的名称，并在状态栏中给出该按钮的简要说明。如果要显示当前隐藏的工具栏，可在任意工具栏上单击右键，此时将弹出一个快捷菜单，通过选择命令可以显示或关闭相应的工具栏，如图 1-18 所示。

图 1-17 "标准"、"绘图"和"修改"工具栏

图 1-18 工具栏快捷菜单

4. 绘图区

绘图区是用户进行图形绘制的区域。把鼠标移动到绘图区时，鼠标变成十字形，可用鼠标直接在绘图区中定位，在绘图区的左下角有一个用户坐标系的图标，它表明当前坐标系的类型，图标左下角为坐标的原点（0,0,0）。

5. 命令行

命令行在绘图区下方，是用户使用键盘输入各种命令的直接显示，也可以显示出操作过程中的各种信息和提示。默认状态下，命令行保留显示所执行的最后三行命令或提示信息。

6. 状态栏

状态栏用于反映和改变当前的绘图状态，包括当前光标的坐标、栅格捕捉显示、正交打开状态、极坐标状态、自动捕捉状态、线宽显示状态以及当前的绘图空间状态等。

在状态栏右侧有一个"通信中心"按钮 。利用该按钮，可以通过 Internet 对软件进行升级并获得相关的支持文档。状态栏右侧的锁图标 可以指示工具栏和窗口是否被锁定，在该图标上单击鼠标右键将显示锁定选项。单击状态栏右侧的小箭头 可以打开一个菜单，可以通过该菜单删减状态栏上显示的内容。"清除屏幕"按钮 位于状态栏最右端，单击此按钮可以清除或恢复工具栏和屏幕（命令行除外）。

7. 模型选项卡和布局选项卡

绘图区的底部有"模型"、"布局 1"、"布局 2"三个选项卡，如图 1-19 所示。它们用来控制绘图工作是在模型空间还是在图纸空间进行。AutoCAD 的默认状态是在模型空间，一般的绘图工作都是在模型空间进行。单击"布局 1"或"布局 2"选项卡可进入图纸空间，图纸空间主要完成打印输出图形的最终布局。如进入了图纸空间，单击"模型"选项卡即可返回模型空间。如果将鼠标指向任意一个选项卡，并单击鼠标右键，可以使用弹出的右键菜单新建、删除、重命名、移动或复制布局，也可以进行页面设置等操作。

8. 工具选项板

按默认的方式启动 AutoCAD 2007 时，会显示出"工具选项板"，如图 1-20 所示。这是 AutoCAD 2007 新增的功能，利用该"工具选项板"可以大大方便图案的填充。不用此功能时，可关闭"工具选项板"，需要打开时，从"工具"菜单，选择"工具选项板窗口"命令即可。

图 1-19 模型和布局标签

图 1-20 工具选项板

1.4 文件的管理

文件的管理包括新建图形文件，打开、保存已有的图形文件，以及如何退出打开的文件。

1.4.1 新建图形文件

在非启动状态下建立一个新的图形文件，其操作如下：

1．输入命令

可以采用下列方法之一：

● 菜单栏："文件"菜单→"新建"命令
● 工具栏：单击"新建"按钮█
● 命令行：NEW

2．操作格式

① 执行上述命令之一后，系统打开"创建新图形"对话框，如图 1-21 所示。单击"使用样板"图标，在"名称"列表框中，用户可根据不同的需要选择模板样式。

② 选择样式后，单击"打开"按钮，即在窗口显示新建的文件。

3．说明

① 在选择样板时，对于一般用户可以选择"Acad"样式。

② 样板文件中，Gb_a0、Gb_a1、Gb_a2、Gb_a3、Gb_a4 开头的样板文件分别与 0 号、1 号、2 号、3 号、4 号图纸的图幅尺寸相对应，基本符合我国的制图标准。

图 1-21　使用样板创建新图形

1.4.2　打开图形文件

打开已有的图形文件，其操作如下：

1．输入命令

可以采用下列方法之一：

● 菜单栏："文件"菜单→"打开"命令
● 工具栏：单击"打开"按钮█
● 命令行：OPEN

2．操作格式

① 选择上述方式之一输入命令后，可以打开"选择文件"对话框，如图 1-22 所示。通过对话框的"搜索"下拉菜单选择需要打开的文件，AutoCAD 的图形文件格式为 .dwg 格式（在"文件类型"下拉列表框中显示）。

图 1-22　"选择文件"对话框

② 可以在对话框的右侧预览图像后，单击"打开"按钮，文件即被打开。

3．选项说明

对话框左侧的一列图标按钮，用来提示图形打开或存放的位置，它们统称为位置列。双击这些图标，可在该图标指定的位置打开或保存图形，各选项功能如下：

"历史记录"：用来显示最近打开或保存过的图形文件。

"我的文档"：用来显示在"我的文档"文件夹中的图形文件名和子文件名。

"收藏夹"：用来显示在 C:\Windows\Favorites 目录下的文件和文件夹。

"FTP"：该类站点是互联网用来传送文件的地方。当选择 FTP 时，可看到所列的 FTP 站点。

"桌面"：用来显示在桌面上的图形文件。

"Buzzsaw"：进入 www.Buzzsaw.com，这是一个 AutoCAD 在建筑设计及建筑制造业领域 B2B 模式的电子商务网站的入口，用户可以申请账号或直接进入。

1.4.3 保存图形文件

保存的图形文件包括保存新建和已保存过的文件。首先介绍新建文件的保存。

1．输入命令

可以采用下列方法之一：

● 工具栏：单击"保存"按钮
● 菜单栏："文件"菜单→"保存"命令
● 命令行：QSAVE

2．操作格式

① 选择上述三种方式之一输入命令后，可打开"图形另存为"对话框，如图 1-23 所示。

图 1-23 "图形另存为"对话框

② 在"保存于"下拉列表框中指定图形文件保存的路径。
③ 在"文件名"文本框中输入图形文件的名称。
④ 在"文件类型"下拉列表框中选择图形文件要保存的类型。
⑤ 设置完成后，单击"保存"按钮。

对于已保存过的文件，当选择上面的方法之一输入命令之后，则不再打开"图形另存为"对话框，而是按原文件名称保存。

如果选择"另存为"命令或在"命令行"输入"SAVE AS"，则可以打开"图形另存为"对话框，来改变文件的保存路径、名字和类型。

1.4.4 设置密码

在图形管理方面可以使用设置密码的功能。

1. 密码设置

在保存图形时，可以对其进行密码设置，其操作如下：

① 执行保存图形命令后，打开图 1-23 所示的"图形另存为"对话框。

② 单击右上角的"工具"按钮，打开下拉菜单，如图 1-24 所示，选择"安全选项"项，系统打开"安全选项"对话框，如图 1-25 所示。

图 1-24　"工具"下拉菜单

图 1-25　"安全选项"对话框

③ 单击"密码"选项卡，在"用于打开此图形的密码或短语"文本框中输入相应密码。单击"确定"按钮，系统会打开"确认密码"对话框，如图 1-26 所示。

④ 用户需要再输入一次密码，确认后，单击"确定"按钮，完成密码设置。

2. 打开密码

当文件设置密码后，需要打开此图形文件时，会打开一个"密码"对话框，如图 1-27

所示，要求用户输入密码。

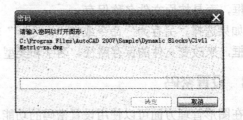

图 1-26 "确认密码"对话框   图 1-27 "密码"对话框

如果输入的密码正确，图形打开，否则无法打开图形，系统提供信息框，如图 1-28 所示，单击"取消"按钮，系统提示如图 1-29 所示。

图 1-28 "密码错误"提示   图 1-29 "信息"对话框

1.4.5 退出图形文件

完成图形绘制后，退出 AutoCAD 2007 的操作如下：

1．输入命令

可以采用下列方法之一：

● 菜单栏："文件"菜单→"关闭"命令

● 标题栏：单击"关闭"按钮

● 命令行：CLOSE

2．操作格式

如果图形文件没有保存或在修改后未做保存，系统会打开"询问"对话框，如图 1-30 所示。选择"是"按钮，系统打开"图形另存为"对话框，进行保存；选择"否"，不保存退出；选择"取消"，则返回编辑状态。

图 1-30 "询问"对话框

1.5 命令的输入与结束

使用 AutoCAD 进行绘图操作时，必须输入相应的命令。下面介绍输入命令的方式、透明命令和结束命令的执行。

1. 输入命令的方式

（1）鼠标输入命令

当鼠标在绘图区时，光标呈十字形。按下左键，相当于输入该点的坐标；当鼠标在绘图区外时，光标呈空心箭头，此时可以用鼠标左键选择（单击）各种命令或移动滑块；当鼠标在不同区域时，用鼠标右键可以打开不同的快捷菜单。

（2）键盘输入命令

所有的命令均可以通过键盘输入（不分大小写）。从键盘输入命令后，只需在命令行的"命令："提示符号后键入命令名（有的命令只需输入命令的缩写字母），然后按〈Enter〉键或〈空格〉键即可。

（3）菜单输入命令

利用菜单输入命令是一种最方便的方法。用鼠标左键在菜单栏、下拉菜单或子菜单中单击所选命令，命令便会执行；也可以使用鼠标右键打开快捷菜单，再用左键单击所选命令，命令的执行结果相同。

2. 透明命令

可以在不中断某一命令的执行情况下，插入执行的另一条命令称为透明命令。输入透明命令时，应该在该命令前加一撇号（'），执行透明命令后会出现"〉〉"提示符。透明命令执行完后，继续执行原命令。AutoCAD 中的很多命令都可以透明执行。对于可执行透明功能的命令，当用户用鼠标单击该命令或命令按钮时，系统可自动切换到透明命令的状态而不必用户输入。

3. 结束命令的执行

结束命令的方法如下：

① 如果一条命令正常完成后会自动结束。

② 如果在命令执行的过程中要结束命令时，可以按〈Esc〉键。

1.6 退出 AutoCAD 2007

当用户退出 AutoCAD 2007 时，为了避免文件的丢失，应按下述方法之一操作，正确退出 AutoCAD 2007。

● 菜单栏：单击"文件"菜单→"退出"命令。

● 命令行：输入 QUIT 命令。

● 标题行：单击"关闭" ![关闭按钮] 按钮。

在上述退出 AutoCAD 2007 的过程中，如果当前图形没有保存，系统会显示出类似于图 1-30 所示的"询问"对话框。

1.7 上机练习

1. 启动 AutoCAD 2007，并新建一个图形文件

（1）要求

启动 AutoCAD 2007，创建一个新图形文件并保存在自己的文件夹中。

（2）操作步骤

操作步骤为：

① 在硬盘的某盘（例如 D 盘）上新建立一个文件夹，并命名（可以自己的名字命名）。

② 双击桌面上的"AutoCAD 2007"程序图标，启动 AutoCAD 2007，新建一个图形文件。

③ 从菜单"文件"中选择"保存"，出现"图形另存为"对话框。

④ 在"图形另存为"对话框的"保存于"下拉列表框中找到在某盘上新建的文件夹，并将此文件夹打开。

⑤ 在"文件名"文本框中输入"图 1-01"文件名，单击"保存"按钮将此图形文件保存。

2. 加载工具栏

（1）要求

根据需要加载（打开）或关闭"标注"工具栏。

（2）操作步骤

操作步骤为：

① 用鼠标右键单击任意工具栏的某处，系统打开"工具栏"快捷菜单，如图 1-18 所示。

② 在"标注"选项的前面单击，出现"√"，即在绘图区显示"标注"工具栏，如图 1-31 所示。

图 1-31 "标注"工具栏

③ 将光标指向"标注"工具栏的标题栏上沿，按下鼠标左键可将它拖拉到绘图区的适当位置，用同样的方法可以加载其他工具栏。

1.8 习题

1. AutoCAD 具有哪些基本功能？

2. 启动 AutoCAD 2007，打开"启动"对话框中的"创建图形"选项卡，选择"向导"中的"高级设置"选项，进入绘图状态。

3. 熟悉工作界面，试着执行打开、关闭 AutoCAD 提供的各种工具栏的操作。

4. 试在 AutoCAD 2007 安装目录下的 SAMPLE 子目录下，找到某图形，将其打开并进行保存，文件名为"图 1-02"，保存类型为.dwg。

提示：一般可以在 C:\Program Files\AutoCAD 2007\Sample 文件夹中找到 AutoCAD 图形文件。例如找到 sheet sets\manufacturing\VW252-02-1000 图形文件并打开，如图 1-32 所示。

5. 练习打开图形文件，及退出 AutoCAD 2007 的操作。

图 1-32 打开图形文件示例

第2章 绘图基础

本章主要介绍绘图基础的有关知识，包括点的输入法、绘制直线、绘制圆等操作命令。其中包括：坐标输入的方法；绘制圆；使用工具栏调用命令的方法来绘制基本图样；常用的修改命令（重复、撤消、重做、删除等）。

2.1 点的（坐标）输入法

当绘图时，总需要对点或线进行位置的确定。输入确定位置的参数的常用方法如下。

1. 鼠标输入法

鼠标输入法是指移动鼠标，直接在绘图的指定位置单击左键，来拾取点坐标的一种方法。当移动鼠标时，十字光标和坐标值随着变化，状态栏左边的坐标显示区将显示当前位置。

在 AutoCAD 2007 中，坐标的显示是动态直角坐标，即显示光标的绝对坐标值。随着光标的移动，坐标的显示连续更新，随时指示当前光标位置的坐标值。

按〈F6〉键可进行坐标"开"和"关"的切换，坐标显示区域是灰色时，表示关闭。

2. 键盘输入法

键盘输入法是通过键盘在命令行输入参数值来确定位置坐标，如图 2-1 所示。位置坐标一般有两种形式，即绝对坐标和相对坐标。

图 2-1　命令行输入示例

（1）绝对坐标

绝对坐标是指相对于当前坐标系原点（0，0，0）的坐标。在二维空间中，绝对坐标可以用绝对直角坐标和绝对极坐标来表示。

● 绝对直角坐标。当命令行提示"point"输入点时，可以直接在命令行输入点的"X,Y"坐标值，坐标值之间要用逗号隔开，例如"40,60"。

● 绝对极坐标。当命令行提示"point"输入点时，直接输入"距离<角度"。例如："200<60"表示该点距坐标原点的距离为 200，与 X 轴正方向夹角为 60°。

在命令行输入命令后，应按〈Enter〉键确定，则执行命令。

（2）相对坐标

相对坐标指相对于前一点位置的坐标。相对坐标也有相对直角坐标和相对极坐标两种表示形式。

● 相对直角坐标。相对直角坐标输入格式与绝对坐标的输入格式相同，但要在坐标的前面加上"@"号。其输入格式为"@X,Y"。例如：前一点的绝对坐标为"40,60"，新点的相对直角坐标为"@50,100"，则新点的绝对坐标为"90,160"。相对前一点 X 坐标向右为正，向左为负；Y 坐标向上为正，向下为负。

如果绘制已知 X、Y 两方向尺寸的线段，利用相对直角坐标法较为方便，如图 2-2 所示。若 a 点为前一点，则 b 点的相对坐标为"@20,40"；若 b 点为前一点，则 a 点的相对坐标为"@-20,-40"。

● 相对极坐标。相对极坐标也是相对于前一点的坐标，是指定该点到前一点的距离及与 X 轴的正向夹角来确定点。相对极坐标输入格式为"@距离<角度"（相对极坐标中，距离与角度之间以"<"符号相隔）。在 AutoCAD 中默认设置的角度正方向为逆时针方向，水平向右为 0°。

如果已知线段长度和角度，可以利用相对极坐标方便地绘制线段，如图 2-3 所示。如果 a 点为前一点，则 b 点的相对坐标为"@45<63"；如果 b 点为前一点，则 a 点的相对坐标为"@45<243"或"@45<-117"。

图 2-2　用相对直角坐标输入尺寸示例

图 2-3　用相对极坐标输入尺寸示例

3．用给定距离的方式输入

用给定距离的输入方式是鼠标输入法和键盘输入法的结合。当提示输入一个点时，将鼠标移到输入点的附近（不要单击）用来确定方向，使用键盘直接输入一个相对前一点的距离，按〈Enter〉键确定。

4．动态输入

"动态输入"是系统在光标附近提供的一个命令界面，减小了绘图区与命令行之间的距离，使用户的注意力可以保持在光标附近，提高绘图效率，如图 2-4 所示。

"动态输入"由三部分组成：指针输入、标注输入和动态提示。

图 2-4　动态输入示例

① 指针输入。当启用指针输入且有命令在执行时，十字光标的位置将在光标附近的工具栏提示中显示为坐标。可以在工具栏提示中输入坐标值，而不用在命令行中输入。

要输入极坐标，可以输入距第一点的距离并按〈Tab〉键，然后输入角度值并按〈Enter〉键。

要输入直角坐标，可以输入 X 坐标值和逗号","，然后输入 Y 坐标值并按〈Enter〉键。

第二个点和后续点的默认设置为相对极坐标（对于矩形命令，为相对直角坐标），不需

要输入 @ 符号。如果需要使用绝对坐标，需使用井号 (#) 前缀。输入格式如下：

相对极坐标输入格式："距离〈Tab〉角度"。

相对直角坐标输入格式："@X,Y"。

绝对极坐标输入格式："# 距离〈Tab〉角度"。

绝对直角坐标输入格式："#X,Y"。

② 标注输入。启用标注输入时，当命令提示输入第二点时，工具栏提示将显示距离和角度值。在工具栏提示中的值将随着光标移动而改变。按〈Tab〉键可以移动到要更改的值。标注输入可用于绘制圆弧、圆、椭圆、直线和多段线的动态提示。对于标注输入，在输入字段中输入值并按〈Tab〉键后，该字段将显示一个锁定图标，并且光标会受输入的值约束。

③ 动态提示。启用动态提示时，提示会显示在光标附近的工具栏提示中。用户可以在工具栏提示（而不是在命令行）中输入响应。按向下箭头键可以查看和选择选项，按向上箭头键可以显示最近的输入。

④ 打开和关闭动态输入。

单击状态栏上的"DYN"按钮可以控制"动态输入"的打开和关闭。按住〈F12〉键可以临时关闭动态输入。

建议初学者将"动态输入"关闭。

⑤ 设置动态输入

用鼠标右键单击状态栏上的"DYN"按钮，在快捷菜单中选择"设置"，系统打开"草图设置"对话框，选择"动态输入"选项卡，如图 2-5 所示。可以根据需要对其进行设置。

图 2-5 "动态输入"选项卡

2.2 绘制直线

"LINE"命令用于绘制直线，以图 2-6 为例，其操作步骤如下。

1. 输入命令

可以采用下列方法之一：

● 菜单栏：选取"绘图"菜单→"直线"命令

● 工具栏：单击"绘图"工具栏"直线"按钮 ✏

● 命令行：键盘输入"L"

2. 操作格式

命令：执行上面命令之一，系统提示如下：

图 2-6 绘制直线示例

指定第一点：（输入起始点）（用鼠标直接输入第 1 点）。

指定下一点或 [放弃 (U)]：（输入"@170,0"，按〈Enter〉键，用相对直角坐标绘制出第 2 点）。

指定下一点或 [闭合 (C)/放弃 (U)]：（输入"@0,30"，按〈Enter〉键，用相对直角坐标绘制出第 3 点）。

指定下一点或 [闭合 (C)/放弃 (U)]：（输入"@-30,0"，按〈Enter〉键，用相对直角坐标绘制出第 4 点）。

指定下一点或[闭合(C)/放弃(U)]：（输入"50"，按〈Enter〉键，用给定距离方法绘制出第 5 点）。

指定下一点或[闭合(C)/放弃(U)]：（输入"50"，按〈Enter〉键，用给定距离方法绘制出第 6 点）。

指定下一点或[闭合(C)/放弃(U)]：（输入"C"，按〈Enter〉键，自动封闭多边形并退出命令）。结果如图 2-6 所示。

3. 说明

在绘制直线时应注意：

在"指定下一点或[闭合(C)/放弃(U)]"提示后，若输入"U"，将取消最后画出的一条直线；若直接按〈Enter〉键，则结束绘制直线命令。

用 LINE 命令连续绘制的每一条直线都分别是独立的对象。

2.3 绘制圆

"CIRCLE"命令用于绘制圆，并提供了下列 5 种绘制方式：

- 指定圆心、半径（CEN，R）
- 指定圆心、直径（CEN，D）
- 指定直径的两端点（2P）
- 指定圆上的三点（3P）
- 选择两个对象（可以是直线、圆弧、圆）和指定半径（TTR）

以上面的 5 种方式为例绘制圆，其操作如下。

2.3.1 指定圆心、半径绘制圆（默认项）

1. 输入命令

可以采用下列方法之一：

- 菜单栏：选取"绘图"菜单→"圆"命令→选择"圆心、半径"方式
- 工具拦：在"绘图"工具栏中单击"圆"按钮 ⊘
- 命令行：输入"C"

2. 操作格式

命令：执行上面命令之一，系统提示如下：

指定圆的圆心或[三点（3P）/两点（2P）/相切、相切、半径（T）]：（用鼠标或坐标法指定圆心 O）

指定圆的半径[直径（D）]：（输入圆的半径为
50，按〈Enter〉键）

命令：

执行命令后，系统绘制出圆，如图 2-7 所示。

图 2-7　指定圆心、半径绘制圆的示例

2.3.2 指定圆上的三点绘制圆

1. 输入命令

可以采用下列方法之一：

- 菜单栏：选取"绘图"菜单→"圆"命令→选择"三点"方式
- 工具栏：在"绘图"工具栏中单击"圆"按钮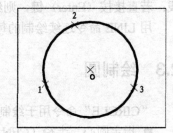
- 命令行：输入"C"

2. 操作格式

命令：执行上面输入命令之一，系统提示如下：

指定圆的圆心或[三点（3P）/两点（2P）/相切、相切、半径（T）]：（输入"3P"）

指定圆的第一点：（指定圆上第 1 点）

指定圆的第二点：（指定圆上第 2 点）

指定圆的第三点：（指定圆上第 3 点）

命令：

执行命令后，如图 2-8 所示。

图 2-8 指定三点方式绘制圆的示例

2.3.3 指定直径的两端点绘制圆

命令：执行上面输入命令之一，系统提示如下：

指定圆的圆心或[三点（3P）/两点（2P）/相切、相切、半径（T）]：（输入"2P"）

指定圆直径的第一端点：（指定直径端点第 1 点）

指定圆直径的第二端点：（指定直径端点第 2 点）

命令：

2.3.4 指定相切、相切、半径方式绘制圆

命令：（从工具栏输入命令，然后在绘图区单击鼠标右键，从打开的快捷菜单中选择"相切、相切、半径"；或直接从下拉菜单中选取："绘图"→"圆"→"相切、相切、半径"）

指定对象与圆的第一个切点：（在第一个相切对象 R1 上指定切点）

指定对象与圆的第二个切点：（在第二个相切对象 R2 上指定切点）

指定圆的半径<当前值>：（指定公切圆 R 的半径）

命令：

执行命令后，结果如图 2-9 所示。

图 2-9 指定相切、相切、半径方式绘制圆的示例

2.3.5　选项说明

如果在指示"指定圆的半径或[直径(D)]:"输入"D",系统提示:"指定圆的直径",输入直径后,系统绘制出圆。

2.4　命令的重复、撤销、重做

在绘图过程中经常要对命令进行重复、撤销和重做等操作,下面介绍有关操作方法。

1. 命令的重复

当需要重复执行上一个命令时,可执行以下操作之一:

- 按〈Enter〉键或〈空格〉键
- 在绘图区单击鼠标右键,在快捷菜单中选择"重复×××命令"

2. 命令的撤销

当需要撤销上一命令时,可按以下操作之一执行:

- 单击工具栏"放弃"按钮 ↰
- 在菜单栏选取"编辑"→"放弃"命令
- 在命令行输入"U"(Undo)命令,按〈Enter〉键

用户可以重复输入"U"命令或单击"放弃"按钮来取消自从打开当前图形以来的所有命令。要撤销一个正在执行的命令,可以按〈Esc〉键,有时需要按〈Esc〉键二至三次才可以回到"命令:"提示状态。这是一个常用的操作。

3. 命令的重做

当需要恢复刚被"U"命令撤销的命令时,可执行以下操作之一:

- 工具栏:"重做"按钮 ↱
- 菜单栏:"编辑"→"重做"命令
- 命令行:"REDO"命令,按〈Enter〉键

命令执行后,恢复到上一次操作。

AutoCAD 2007 中有一个重做的命令"Mredo",执行操作如下:

① 在命令行输入"Mredo"命令,按〈Enter〉键。

② 命令行提示"输入操作数目或[全部(A)/上一个(<)]:",其中可以直接输入恢复的指定数目,输入"A"恢复前面的全部操作,或输入"<"只恢复上一个操作。

③ 选择输入后,按〈Enter〉键,系统完成重做操作。

2.5　上机练习

1. 绘制平面图形

(1) 要求

绘制如图 2-10 所示的图形。

(2) 操作步骤

命令: 从工具栏单击:"直线"按钮 ✎

-line 指定第一点：（输入起始点） （用鼠标指定第 1 点）

指定下一点或 [放弃 (U)]：（输入 "24"，按〈Enter〉键，用给定距离法指定第 2 点）

指定下一点或 [放弃 (U)]：（输入 "20"，按〈Enter〉键，用给定距离法指定第 3 点）

指定下一点或 [闭合 (C) / 放弃 (U)]：（输入 "@ -10,16"，按〈Enter〉键，用相对直角坐标指定第 4 点）

指定下一点或 [放弃 (U) / 放弃 (U)]：（输入 "50"，按〈Enter〉键，用给定距离法指定第 5 点）

指定下一点或 [闭合 (C) / 放弃 (U)]：（输入 "@ -10,-16"，按〈Enter〉键，用相对直角坐标指定第 6 点）

指定下一点或 [放弃 (U)]：（输入 "20"，按〈Enter〉键，用给定距离法指定第 7 点）

指定下一点或 [放弃 (U)]：（输入 "24"，按〈Enter〉键，用给定距离法指定第 8 点）

指定下一点或 [闭合 (C) / 放弃 (U)]：（输入 "C"，按〈Enter〉键结束或选择快捷菜单中的 "确定" 选项 ）

命令：(表示该命令结束，处于接受新命令状态)

结果如图 2-10 所示。

2．保存所绘制的图形

（1）要求

将图 2-10 保留在 D 盘上以自己名字命名的文件夹中，文件名为 "图 2-01"。

图 2-10　绘制平面图形示例

（2）操作步骤

① 单击标准工具栏中的保存按钮，出现 "图形另存为" 对话框。

② 在 "图形另存为" 对话框中的 "保存于" 下拉列表框中，找到 D 盘上以自己名字命名的文件夹。

③ 在自己名字命名的文件夹的 "文件名" 下拉列表框中，输入 "图 2-01"。

④ 再按下 "保存" 按钮。

2.6　习题

1．根据所注尺寸，绘制图 2-11 所示图形。

提示：使用鼠标指定 1 点后，用相对直角坐标法和给定距离法绘制出其他点，绘制 6 点和 1 点连线时，应该使用封闭命令 "C" 或捕捉命令。

本练习的目的是熟练掌握点的输入方法，较常用的方法是相对坐标法和给定距离输入法，具体使用哪种方法，要根据实际情况来确定。

2．根据所注尺寸，采用指定圆心、半径；指定圆心、直径；指定直径两端点的方法绘制图 2-12 所示图形。

3．练习采用指定三点方法绘制圆。

4．绘制如图 2-13 和图 2-14 所示的 "相切、相切、半径" 图形。

图 2-11　绘制直线练习　　　　　　　　　　　图 2-12　绘制圆练习

提示:

① 输入"相切、相切、半径"命令,依次选取 R1、R2 对象,指定 R 的半径后,完成图 2-13 的绘制。

② 输入"相切、相切、半径"命令,依次选取 R1、L1 对象,指定 R 的半径后,完成图 2-14 的绘制。

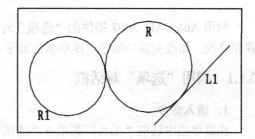

图 2-13　相切圆示例 1　　　　　　　　　　图 2-14　相切圆示例 2

第3章 设置绘图环境

使用 AutoCAD 2007 绘制图样时，可以根据用户的需要来设置绘图环境，然后再进行绘图。设置合适的绘图环境，不仅可以减少大量的调整、修改工作，而且有利于统一格式，便于图形管理和使用。绘图环境设置包括选项设置、绘图单位、绘图界限、对象捕捉和正交模式、图层、线宽、颜色等。本章内容包括：设置图形界限和绘图单位；设置捕捉和栅格功能；正交功能；对象捕捉和对象追踪的设置和应用；图形的显示控制：实时缩放、窗口缩放、返回缩放、平移图形。熟练掌握这些命令可以帮助用户迅速、准确地绘制工程图。

3.1 系统选项设置

利用 AutoCAD 2007 提供的"选项"对话框，用户可以方便地对系统的绘图环境进行设置和修改，如改变窗口颜色、滚动条的显示、字体的大小等。

3.1.1 调用"选项"对话框

1. 输入命令

在菜单栏中选取"工具"菜单→"选项"命令，打开"选项"对话框，如图 3-1 所示。

图 3-1 "选项"对话框

2. 选项说明

"选项"对话框中包括"文件"、"显示"、"打开和保存"、"打印和发布"、"系统"、"用户系统配置"、"草图"、"三维建模"、"选择"、"配置"选项卡，各选项卡的功能如下：

● "文件"选项卡。该选项卡用于指定有关文件的搜索路径、文件名和文件位置。

- "显示"选项卡。该选项卡用于设置 AutoCAD 窗口元素、布局元素；设置十字光标的十字线长短，设置显示精度、显示性能等。
- "打开和保存"选项卡。该选项卡用于设置与打开和保存图形有关的各项。
- "打印和发布"选项卡。该选项卡用于设置打印机和打印参数。
- "系统"选项卡。该选项卡用于确定 AutoCAD 的一些系统设置。
- "用户系统配置"选项卡。该选项卡用于优化系统的工作方式。
- "草图"选项卡。该选项卡用于设置对象自动捕捉、自动追踪等绘图辅助功能。
- "三维建模"选项卡。该选项卡用于对三维绘图模式下的三维十字光标、UCS 图标、动态输入、三维对象，及导航等选项进行设置。
- "选择"选项卡。该选项卡用于设置选择对象方式和夹点功能等。
- "配置"选项卡。该选项卡用于新建、重命名和删除系统配置等操作。

3.1.2　改变绘图区的背景颜色

用户可根据需要利用"选项"对话框设置绘图环境。例如，若需要将绘图区的背景颜色从默认的黑色改变为白色，操作步骤如下：

① 在菜单栏选取"工具"→"选项"命令或键盘输入 OPTIONS 命令，打开"选项"对话框，如图 3-1 所示。

② 在"选项"对话框中单击"显示"选项卡，如图 3-1 所示，然后单击对话框"窗口元素"选项组中的"颜色"按钮，打开"图形窗口颜色"对话框，如图 3-2 所示。

图 3-2　"颜色选项"对话框

③ 在"图形窗口颜色"对话框的"界面元素"列表框中选择"统一背景"，在"颜色"列表框中选择"白色"，然后单击"应用并关闭"按钮，返回"选项"对话框，单击"确定"按钮，完成设置。

3.1.3　"启动"对话框的启闭设置

如果不想进行"启动"对话框的设置就直接进入绘图界面，或打开的系统没有"启动"

25

对话框而需要打开"启动"对话框时，可以对"启动"对话框的启闭进行设置，使其打开或关闭，其操作如下。

① 单击"工具"菜单，选取"选项"命令，打开"选项"对话框，如图3-3所示。

图3-3 显示"系统"选项卡的"选项"对话框

② 单击"系统"选项卡，在"基本选项"选项组的"启动"下拉列表框中，有如下选项：

"显示'启动'对话框"：该选项用于启动时，打开"启动"对话框。

"不显示'启动'对话框"：该选项用于启动时，关闭"启动"对话框，快速地进入绘图界面。

③ 单击"应用"和"确定"按钮，结束设置。再次启动系统时，"启动"对话框按设置启闭。

3.2 设置图形界限

LIMITS 命令是用来确定绘图的范围。相当于确定手工绘图时图纸的大小（图幅），设定合适的绘图界限，有利于确定图纸的大小、比例、图形之间的距离，可以检查图纸是否超出"图框"避免盲目绘图。其操作如下：（以选 3 号图纸为例）

1. 输入命令

可以执行以下命令之一：

● 菜单栏：选取"格式"菜单→"图形范围"命令

● 命令行：输入 LIMITS 命令

2. 操作格式

命令：（输入命令）

指定左下角点或[开(ON)/关(OFF)]〈0.00，0.00〉：（按〈Enter〉键或键入左下角图界坐标）

指定右上角点是〈420，297〉：（按〈Enter〉键或键入右上角图界坐标）

3．选项说明

开（ON）：用于打开图形界限检查功能，此时系统不接受设定的图形界限之外的点输入。

关（OFF）：用于关闭图形界限检查功能，可以在图限之外绘制对象或指定点。默认状态为打开。

3.3 设置绘图单位

UNITS 命令用来设置绘图的长度、角度单位和数据精度。其操作如下。

1．输入命令

可以执行以下命令之一：

● 菜单栏：选取"格式"→"单位"命令

● 命令行：UNITS

输入上面命令之一后，打开"图形单位"对话框，如图 3-4 所示。

2．选项说明

对话框中的各选项功能如下：

"图形单位"对话框中包括"长度"、"角度"、"插入比例"、"输出样例"四个选项组。

"长度"选项组：一般选择类型为小数（默认设置），精度为"0.00"。

"角度"选项组：一般选择类型为十进制度数（默认设置），精度为"0"。

"插入比例"选项组：可以设置缩放插入内容的单位，默认设置为"毫米"。

如果单击"方向"按钮，则打开"方向控制"对话框，如图 3-5 所示。

图 3-4 "图形单位"对话框

图 3-5 "方向控制"对话框

"方向控制"对话框可以设置角度方向，默认基准角度方向为 0°，方向指向"东"。如果选择"北"、"西"、"南"以外的方向为 0°方向，可以选择"其他"选项按钮，通过"拾取"或"输入"角度，来自定义 0°方向。

选择各项后，单击"确定"按钮完成绘图单位的设置。

3.4 捕捉和栅格功能

捕捉和栅格是 AutoCAD 提供的精确绘图工具之一。通过捕捉可以拾取锁定绘图区的特定点，栅格是显示在绘图区内具有指定间距的点，捕捉栅格点可以掌握尺寸的大小。栅格不是图形的组成部分，也不能被打印出来。

3.4.1 栅格显示

GRID 命令用于修改栅格间距并控制是否在屏幕上显示栅格。栅格如图 3-6 所示。该命令是一个透明的命令。

1．输入命令

可以执行以下命令之一：

● 命令行：GRID

● 状态栏：单击"栅格"按钮

2．命令的操作

命令：（输入命令）

指定栅格间距(X)或[开(ON) / 关(OFF) / 捕捉(S) /
纵横向间距(A)]〈10.00〉：（指定间距或选项）

图 3-6　栅格显示

各选项功能如下：

指定间距：用于指定显示栅格的 X，Y 方向间距，默认项为 10mm。

"开"：用于打开栅格，默认状态栅格间距值相等。

"关"：用于关闭栅格（也可用〈F7〉功能键在打开和关闭栅格间切换。单击状态栏上"栅格"按钮或按〈Ctrl+G〉键也可进行切换）。

"捕捉"：用于设置栅格显示与当前捕捉栅格分辨率相等（即当捕捉栅格改变时，显示栅格分辨点也同时改变）。

"纵横向间距"：用于将栅格设成不相等的 X 和 Y 值。

选项后，出现提示行：

指定水平间距(X)〈当前值〉：（给 X 间距）

指定垂直间距(Y)〈当前值〉：（给 Y 间距）

命令：

3.4.2 栅格捕捉

栅格捕捉（SNAP）命令与栅格显示命令是配合使用的。打开它将使鼠标所给的点都落在栅格捕捉间距所定的点上。此功能还可以将栅格旋转任意角度，SNAP 是一个透明的命令。

1．输入命令

可以执行以下命令之一：

● 命令行：从键盘键入"SNAP"

● 状态栏：单击"捕捉"按钮

2．命令的操作

命令：（输入命令）

指定捕捉间距或[开(ON) / 关(OFF) / 纵横向间距(A) / 旋转(R) / 样式(S) / 类型(T)]
〈10.00〉：（指定间距或选项）

各选项功能如下：

指定捕捉间距：即指定捕捉 X、Y 方向间距。

"开"：用于打开栅格捕捉。

"关"：用于关闭捕捉（可用〈F9〉功能键在打开和关闭捕捉间切换，单击状态栏上"捕捉"按钮或按〈Ctrl+B〉键也可进行切换）。

"纵横向间距"：与栅格命令中的选项功能一样，可将 X 和 Y 间距设成不同的值。

"旋转"：将显示的栅格及捕捉方向同时旋转一个指定的角度。

选项后，出现提示行：

指定基点〈当前值〉：（指定旋转基点）

指定旋转角度〈当前值〉：（指定旋转角度）

"样式"：用于在标准模式和等轴模式中选择一项。标准模式指通常的矩形栅格（默认模式）；等轴模式指为画正等轴测图而设计的栅格捕捉。

"类型"：用于指定捕捉模式。

3. 说明

单击状态栏"捕捉"按钮可方便地打开和关闭栅格捕捉。当栅格捕捉打开时，从键盘输入点的坐标来确定点的位置时不受捕捉的影响。

3.4.3 栅格与栅格捕捉设置

功能设置的操作步骤如下：

① 在菜单栏选取"工具"→"草图设置"命令，打开"草图设置"对话框，如图 3-7 所示。

② 单击"捕捉和栅格"选项卡，如图 3-7 所示。对话框中各选项的功能如下：

"启动捕捉"复选框：用于控制打开和关闭捕捉功能。

"启动栅格"复选框：用于控制打开和关闭栅格显示。

"捕捉 X 轴间距"、"捕捉 Y 轴间距"：设定捕捉在 X 方向和 Y 方向的间距。

"栅格 X 轴间距"、"栅格 Y 轴间距"：设定栅格在 X 方向和 Y 方向的间距。

"捕捉类型"：有 4 个选项可供选择，"栅格捕捉"、"矩形捕捉"、"等轴测捕捉"和"极轴捕捉"。选择"极轴捕捉"项后，极轴间距选项有效，而捕捉选项组无效。

图 3-7　"草图设置"对话框

"栅格行为"选项组：用于设置栅格线的显示样式。

"自适应栅格"复选框：用于限制缩放时栅格的密度。

"允许以小于栅格间距的间距再拆分"复选框：用于是否能够以小于栅格间距的间距来拆分栅格。

"显示超出界限的栅格"复选框：用于确定是否显示图限之外的栅格。

"跟随动态 UCS"复选框：跟随动态 UCS 的 XY 平面而改变栅格平面。

③ 根据需要设置各项后，单击"确定"按钮。

3.5 正交功能

ORTHO 命令可以控制以正交模式绘图。在正交模式下，可以方便地绘制与 X 轴或 Y 轴平行的水平线和垂直线。

1. 输入命令

可以执行以下命令之一：

- 状态栏：单击"正交"按钮
- 命令行：ORTHO
- 功能键：〈F8〉

2. 操作格式

执行上面命令之后，可以打开正交功能，通过单击"正交"按钮和〈F8〉功能键可以进行正交功能打开与关闭的切换，正交模式不能控制键盘输入点的位置，只能控制鼠标拾取点的方位。

3.6 对象捕捉

在绘制图形过程中，常常需要通过拾取点来确定某些特殊点，如圆心、切点、端点、中点或垂足等。靠人的眼力来准确地拾取到这些点，是非常困难的。AutoCAD 提供了"对象捕捉"功能，可以迅速、准确地捕捉到这些特殊点，从而提高了绘图的速度和精度。对象捕捉可以分为两种方式，单一对象捕捉和自动对象捕捉。

3.6.1 单一对象捕捉模式

单一对象捕捉是一种暂时的、单一的捕捉模式，每一次操作可以捕捉到一个特殊点，操作后功能关闭。

1. 输入命令的方法

工具栏：在"对象捕捉"工具栏选取命令项，如图 3-8 所示。

快捷键：在绘图区任意位置，按下〈Shift〉键，同时单击鼠标右键，打开快捷菜单，如图 3-9 所示，可以从中选择相应的捕捉方式。

图 3-8 "对象捕捉"工具栏　　　　图 3-9 "对象捕捉"快捷菜单

命令行：输入相应捕捉模式的前三个字母。

2．对象捕捉的种类

利用对象捕捉功能可以捕捉到的特殊点有以下几种：

端点（END）：捕捉直线段或圆弧等对象的端点。

中点（MID）：捕捉直线段或圆弧等对象的中点。

焦点（INT）：捕捉直线段、圆弧或圆等对象之间的交点。

外观交点（APPINT）：捕捉外观交点，用于捕捉二维图形中看上去是交点，而在三维图形中并不相交的点。

延长线（EXT）：捕捉对象延长线上的点，捕捉此点之前，应先停留在该对象的端点上，显示出一条辅助延长线后，才可捕捉。

圆心（CEN）：捕捉圆或圆弧的圆心。捕捉此点时，光标应指在圆或圆弧上。

象限点（QUA）：捕捉圆或圆弧的最近象限点，即圆周上 0°、90°、180°、270°这 4 个点。

切点（TAN）：捕捉所绘制的圆或圆弧上的切点。

垂直（PER）：捕捉所绘制的线段与直线、圆、圆弧的正交点。

平行线（PAR）：捕捉与某线平行的直线上的点。

节点（NOD）：捕捉单独绘制的点。

插入点（INS）：捕捉对象上的距光标中心最近的点。

3．单一对象捕捉实例

（1）捕捉端点和线段中点

如图 3-10 所示，已知 ab 线段和 cd 线段，将 d 端点与 b 端点连接，c 端点和 ab 线段的中点 e 连接，其操作步骤如下。

图 3-10　捕捉端点和线段中点示例

命令：（输入直线命令）

指定第一点：（在"对象捕捉"工具栏单击🖉图标，移动鼠标捕捉 d 点后单击该点）

指定下一点或［放弃(U)］：（在"对象捕捉"工具栏单击🖉图标，移动鼠标捕捉 b 点后单击该点）

指定下一点或［放弃(U)］：按〈Enter〉键

命令：（输入直线命令）

指定第一点：（在"对象捕捉"工具栏单击 🖉 图标，移动鼠标捕捉 c 点后单击该点）

指定下一点或［放弃(U)］：（在"对象捕捉"工具栏单击🖉图标，移动鼠标捕捉 ab 线段中点 e 后单击该点）

指定下一点或［放弃(U)］：按〈Enter〉键

命令：

结果如图 3-10 所示。

（2）捕捉切点

如图 3-11 所示，已知 R1、R2、R3 圆和圆弧，创建一个与三圆弧相切的圆 R，其操作步骤如下。

命令：（输入"C"命令）

指定圆的圆心或［三点(3P) / 两点(2P) / 相切、相切、半径(T)］：（输入"3P"）

指定圆上的第一点：（在"对象捕捉"工具栏单击 图标，移动鼠标捕捉 R1 圆弧小方框切点处后单击）

指定圆上的第二点：（在"对象捕捉"工具栏单击 图标，移动鼠标捕捉 R2 圆弧小方框切点处后单击）

指定圆上的第三点：（在"对象捕捉"工具栏单击 图标，移动鼠标捕捉 R3 圆弧小方框切点处后单击）

命令：

执行结果如图 3-11 所示。

（3）捕捉圆心

如图 3-12a 所示，已知小圆和矩形，移动小圆至矩形中心，其操作步骤如下。

命令：（输入"移动"命令）

选择对象：（选择小圆）

选择对象：（按〈Enter〉键）

指定基点或位移：（在"对象捕捉"工具栏单击 图标，移动鼠标捕捉圆心点 1 处后单击）

图 3-11　捕捉切点示例

指定位置的第二点或〈用第一点作位移〉：（在"对象捕捉"工具栏单击 图标，移动鼠标捕捉矩形中心点 2 处后单击）

命令：

执行结果如图 3-12b 所示。

图 3-12　捕捉圆心示例

3.6.2　自动对象捕捉模式

这种捕捉模式能自动捕捉到已经设定的特殊点，它是一种长期的、多效的捕捉模式，下面介绍设置方法。

1. 输入命令

可以执行以下命令之一：

● 菜单栏："工具"→"菜单设置"→"对象捕捉"

● 状态栏：用鼠标右键单击"对象捕捉"按钮，从快捷方式选取"设置"选项

● 命令行：OSNAP

输入上面的命令之一后，系统打开显示"对象捕捉"选项卡的"草图设置"对话框，如图 3-13 所示。

2. 对话框各选项的主要功能

- "启动对象捕捉"复选框：用于控制自动对象捕捉的打开与关闭。
- "启动对象捕捉追踪"复选框：用于控制追踪捕捉的打开与关闭。
- "对象捕捉模式"选项组：选项组中的各选项与单一对象捕捉模式相同，可以从中选择一种或多种对象捕捉模式，形成一个固定的模式。

"全部选择"按钮：用于选取全部选项。

"全部清除"按钮：用于清除全部选项。

- "选项"按钮：单击"选项"按钮，将打开显示"草图"选项卡的"选项"对话框，如图 3-14 所示。

图 3-13 "对象捕捉"选项卡

图 3-14 显示"草图"选项卡的"选项"对话框

该对话框的左侧为"自动捕捉设置"选项组，其各选项功能如下：

"标记"(M)：控制自动对象捕捉的打开与关闭。

"磁吸"(G)：控制自动对象捕捉磁吸的打开或关闭。当光标移动到捕捉点时，它会自动将靶框锁定在该点上。

"显示自动捕捉工具栏提示"(I)：用于打开或关闭捕捉提示，当光标移近捕捉点时，显示捕捉点类型的文字说明。

"显示自动捕捉靶框"(D)：用于打开或关闭靶框。

"颜色"按钮：用于改变标记的当前颜色。单击"颜色"按钮后，打开"图形窗口颜色"对话框，如图 3-2 所示，在"界面元素"文本框中选取"自动捕捉标记"项，在"颜色"下拉列表框中选取需要的颜色即可。

"自动捕捉标记大小"(S)：用于控制自动捕捉标记的大小，拖动滑块即可改变标记的大小。

其余的各选项功能在 3.7.1 节中介绍。

3．自动对象捕捉的启闭

在绘图时，常会出现下列情况，准备通过拾取点来确定一点时，显示出捕捉到的某一特殊点标记，并不是所希望的点，这时就需要关闭自动捕捉功能。单击状态栏的"对象捕捉"按钮可以进行自动对象捕捉的开启和关闭。

3.7 对象追踪

对象追踪包括"极轴追踪"和"对象捕捉追踪"两种方式。应用极轴追踪可以在设定的角度线上精确移动光标和捕捉任意点，对象捕捉追踪是对象捕捉与极轴追踪功能的综合，也就是说可以通过指定对象点及指定角度线的延长线上的任意点来进行捕捉。

3.7.1 极轴追踪和对象捕捉追踪的设置

从菜单栏中选取"工具"→"草图设置"命令，打开"草图设置"对话框，再选取"极轴追踪"选项卡，如图 3-15 所示。该选项卡各选项的功能如下。

1．"启动极轴追踪（F10）"复选框

此复选框用于控制极轴追踪方式的打开和关闭。

2．"极轴角设置"选项组

"增量角"：用于设置角度增量的大小。默认为 90°，即捕捉 90°的整数倍角度：0°、90°、180°、270°。用户可以通过下拉列表框选择其他的预设角度，也可以键入新的角度。

"附加角"复选框：用来设置附加角度。附加角度和增量角度不同，在极轴追踪中会捕捉增量角及其整数倍角度，并且捕捉附加角设定的角度，但不一定捕捉附加角的整数倍角度。

图 3-15 "草图设置"选项卡

"新建"按钮：用于新增一个附加角。

"删除"按钮：用于删除一个选定的附加角。

3．"对象捕捉追踪设置"选项组

"仅正交追踪"：用于在对象捕捉追踪时仅采用正交方式。

"用所有极轴角设置追踪"：用于在对象捕捉追踪时采用所有极轴角。

4．"极轴角测量"选项组

"绝对"：用于设置极轴角为当前坐标系绝对角度。

"相对上一段"：用于设置极轴角为前一个绘制对象的相对角度。

5. "选项"按钮

单击"选项"按钮，系统打开显示"草图"选项卡的"选项"对话框，如图 3-14 所示。其中右侧选项与追踪相关，其功能介绍如下：

"自动设置追踪"选项组，其各选项功能如下：

"显示极轴追踪矢量"：用于控制辅助线是否显示。

"显示全屏追踪矢量"：用于控制辅助线的显示方式，辅助线由构造线构成，又称全屏追踪矢量。

"显示自动追踪工具栏提示"：用于控制自动追踪时是否显示工具栏上的相应按钮的提示文字。

"对齐点获取"选项组：用于在确定启用对象捕捉追踪后，控制是否自动进行追踪。

"靶框大小"：可以通过其中的滑块设置靶框的大小。

3.7.2 极轴追踪捕捉的应用

极轴追踪捕捉可捕捉所设角增量线上的任意点，可通过单击状态栏上"极轴"按钮来打开或关闭，也可用〈F10〉功能键打开或关闭。启用该功能以后，当执行 AutoCAD 的某一操作并根据提示确定了一点（称此点为追踪点），同时 AutoCAD 继续提示用户确定另一点位置时，移动光标，使光标接近预先设定的方向（该方向成为极轴追踪方向），自动将光标指引线吸引到该方向，同时沿该方向显示出极轴追踪矢量，并且浮出一个小标签，标签中说明当前光标位置相对于当前一点的极坐标，如图 3-16 所示。

图 3-16 极轴追踪捕捉示例

从图 3-16 可以看出，当前光标位置相对于前一点的极坐标为 80.6218<30，即两点之间的距离为 80.6218，极轴追踪矢量方向与 X 轴正方向的夹角为 30°。此时单击拾取键，AutoCAD 将该点作为绘图所需点；如果直接输入一个数值（如输入 150），AutoCAD 沿极轴追踪矢量方向按该长度确定出点的位置；如果沿极轴矢量方向拖动鼠标，AutoCAD 通过浮出的小标签动态地显示出光标位置对应的极轴追踪矢量的值（即显示"距离<角度"）。

图 3-16 所示的极轴追踪矢量方向夹角为 30°的倍数，若要改变角度，可在"草图设置"对话框中的"极轴追踪"选项卡设置"增量角"，如图 3-15 所示。

3.7.3 对象捕捉追踪的应用

对象捕捉追踪是按与对象的某种特定关系来追踪，这种特定的关系确定了一个未知角度。当不知道具体的追踪方向和角度，但知道与其他对象的某种关系（如相交）时，可以应用对象捕捉追踪。对象捕捉追踪必须和对象捕捉同时工作，对象捕捉追踪可通过单击状态栏上"对象追踪"按钮来打开或关闭。

绘制如图 3-17 所示直线 cd，要求 d 点在已知直线 ab 的 b 端点的延长线上，此延长线垂直于 ab。

图 3-17 对象捕捉追踪应用示例

步骤：

1. 设置对象捕捉追踪的模式

命令：("工具"→"草图设置")

输入命令后，AutoCAD 打开显示"极轴追踪"选项卡的"草图设置"对话框，如图 3-15 所示。在"对象捕捉追踪设置"选项组一般选择"用所有极轴角设置追踪(S)"选项，并打开对象追踪，单击"确定"按钮退出对话框。此时状态栏上"对象追踪"按钮下凹，即对象追踪打开。

2. 设置固定捕捉模式

命令：("工具"→"草图设置")

AutoCAD 打开显示"对象捕捉"选项卡的"草图设置"对话框，选中"端点"等捕捉模式，单击"确定"按钮退出对话框。

此时状态栏上"对象捕捉"按钮凹下，即打开了固定捕捉。

3. 画线

命令：（输入直线命令）

指定第一点：（指定 C 点用鼠标直接确定起点）

指定下一点或 [放弃(U)]：（指定 D 点）

移动鼠标执行"固定对象捕捉"，捕捉到 B 点后，AutoCAD 在通过 B 点处自动出现一条点状无穷长直线，此时，沿点状线向右移动鼠标至 D 点，确定后即画出直线 CD。

指定下一点或 [放弃(U)]：按〈Enter〉键

命令：

3.7.4 临时追踪点

临时追踪点是以一个临时参考点为基点，从基点沿水平或垂直追踪一定距离得到捕捉点。

1. 输入命令

可以执行以下命令之一：

● 工具栏：单击 ⬩— 图标

● 命令行：TT

2. 操作格式

下面以图 3-18 为例，应用临时追踪点命令，从点 1 临时追踪至点 3。

输入命令：L(绘制直线)

指定第一点：TT（使用临时追踪命令）

指定临时对象追踪点：使用鼠标捕捉点"1"（输入临时追踪点进行追踪）

指定第一点：TT（使用临时追踪命令）

指定临时对象追踪点：20↙（使用给定距离方式确定 Y 方向点 2 的定位）

图 3-18 临时追踪点命令应用示例

指定第一点：40↙（使用给定距离方式确定 X 方向点 3 的定位）

指定下一点或 [取消(U)]：（后面步骤与绘制直线方法相同）

3. 说明

每次选取追踪点，要先使用一次临时追踪命令，在确定最后的点（例如点 3）之前不再使用临时追踪命令。

临时追踪点的方法与对象追踪捕捉的不同是：捕捉点之前的追踪不画出线段，这可以在绘图时减少线条的重复和编辑工作。

3.8 图形的显示控制

在绘制图形时，为了绘图方便，常常需要对图形进行放大或平移，对图形显示的控制主要包括：实时缩放、窗口缩放和平移操作。

3.8.1 实时缩放

实时缩放是指利用鼠标上下的移动来放大或缩小图形。

1. 输入命令

可以执行以下命令之一：

- 菜单栏："视图" → "缩放" → "实时"
- 工具栏：
- 命令行：ZOOM

2. 操作格式

命令: 输入命令

"指定窗口角点，输入比例因子(nX 或 nXP)或[全部(A)/中心点(C)/动态(D)/范围(E)/上一个(P)/比例(S)/窗口(W)]〈实时〉:" 按〈Enter〉键

执行命令后，鼠标显示为放大镜图标，如图 3-19 所示，按住鼠标左键往上移动图形显示放大；往下移动图形则缩小显示。

3. 选项说明

"全部"：用于显示整个图形的内容。当图形超出图纸界限时，显示包括图纸边界以外的图形。

"中心点"：根据用户定义的点作为显示中心，同时输入新的缩放倍数。执行该选项后系统提示："指定中心点"，定义显示缩放的中心点后，系统再提示："输入比例或高度:"，可以给出缩放倍数或图形窗口的高度。

图 3-19 实时缩放示例

"动态"：进行动态缩放图形。选择该选项后，绘图区出现几个不同颜色的视图框。白色或黑色实线框为图形扩展区，绿色虚线框为当前视区，图形的范围用蓝色线框表示，移动视图框可实行平移功能，放大或缩小视图框可实现缩放功能。

"范围"：用于最大限度地将图形全部显示在绘图区域。

"上一个"：用于恢复前一个显示视图，但最多只能恢复当前十个显示视图。

"比例"：根据用户定义的比例值缩放图形，输入的方法有三种：

以 "nXP" 方式输入时，表示相对于图纸空间缩放视图。

以 "nX" 方式输入时，表示相对当前视图缩放。

以"n"方式输入时，表示相对于原图缩放。

"窗口"：以窗口的形式定义的矩形区域，该窗口是以两个对角点来确定的，它是用户对图形进行缩放的常用工具。

"实时"：它是系统默认的选项，可按操作格式执行。

3.8.2 窗口缩放

窗口缩放是指放大指定矩形窗口中的图形，使其充满绘图区。作用与实时缩放中的"窗口(W)"选项相同。

1．输入命令

可以执行以下命令之一：

- 菜单栏："视图"→"缩放"→"窗口"
- 工具栏：
- 命令行：ZOOM

2．操作格式

① 执行上面前两项命令之后，单击鼠标左键确定放大显示的第一个角点，然后拖动鼠标框选取要显示在窗口中的图形，再单击鼠标左键确定对角点，即可将图形放大显示。

② 执行"Z"命令后，按〈Enter〉键，再输入"W"命令，即可按操作格式①执行，完成窗口缩放。

3.8.3 返回缩放

返回缩放是指返回到前面显示的图形视图。作用与实时缩放中的"上一个(P)"选项相同。

1．输入命令

可以执行以下命令之一：

- 菜单栏："视图"→"缩放"→"上一个"
- 工具栏：
- 命令行：ZOOM

2．操作格式

执行工具栏中的 按钮，可快速返回上一个状态。

执行"Z"命令后，按〈Enter〉键后，输入"P"命令，即返回上一个状态。

3.8.4 平移图形

实时平移可以在任何方向上移动观察图形。

1．输入命令

可以执行以下命令之一：

- 菜单栏："视图"→"平移"
- 工具栏：
- 命令行：PAN/-PAN（P/-P）

2．操作格式

执行上面的命令之一，光标显示为一个小手，如图 3-20 所示，按住鼠标左键拖动即可实时平移图形。

图 3-20　平移图形示例

3.8.5　缩放与平移的切换和退出

1．缩放与平移的快速切换

① 使用"缩放" 和"平移" 按钮进行切换。

② 利用右键快捷菜单可以实施缩放与平移之间的切换。

例如：在"缩放"显示状态中，单击鼠标右键，在弹出的快捷菜单中选择"平移"选项，即可切换至"平移"显示状态。

2．返回全图显示

输入命令"Z"后，按〈Enter〉键，再输入"A"，按〈Enter〉键，系统从"缩放"或"平移"状态返回到全图显示。

3．退出缩放和平移

① 按〈Esc〉或〈Enter〉键可以退出缩放和平移的操作。

② 单击鼠标右键，在弹出的快捷菜单中选择"退出"命令也可以退出切换操作。

3.9　上机练习

1．利用对象捕捉和对象追踪功能快速、准确地绘制图形

（1）要求

利用对象捕捉和对象追踪功能快速、准确地绘制图 3-21。

图 3-21　绘制直线、圆

（2）操作步骤

操作步骤为：

① 用"LINE"（直线）命令画直线段，相对坐标法输入直线上各端点。

命令：单击"绘图"工具栏的按钮 ✏

Line 指定第一点：（用鼠标在绘图区指定一点 A）

指定下一点或[放弃(U)]：（输入"@-150,100"绘制 B 点）

指定下一点或[放弃(U)]:（输入"@150,100"绘制C点）

指定下一点或[闭合(C)/放弃(U)]:（输入"@150,-100"绘制D点）

指定下一点或[闭合(C)/放弃(U)]:（输入"C"，封闭菱形）

命令：单击"绘图"工具栏的按钮 ✏（画BD直线段）

Line指定第一点：-int 于（单击"对象捕捉"工具栏按钮✖、捕捉B点）

指定下一点或[放弃(U)]:-int 于（单击"对象捕捉"工具栏按钮✖、捕捉D点）

指定下一点或[放弃(U)]:（按〈Enter〉键）

命令：单击"绘图"工具栏的按钮 ✏（画CA直线段）

Line指定第一点：_int 于（单击"对象捕捉"工具栏按钮✖、捕捉C点）

指定下一点或[放弃(U)]:_int 于（单击"对象捕捉"工具栏按钮✖、捕捉D点）

指定下一点或[放弃(U)]:（按〈Enter〉键）

② 按圆心、半径（CEN、R）（即默认）方式画圆。

命令：单击"绘图"工具栏按钮 ⊙（画大圆）

指定圆的圆心或[三点(3P)/两点(2P)/相切、相切、半径(T)]:_intof（单击"对象捕捉"工具栏按钮✖、捕捉图形的中心点）

指定圆的半径或[直径(D)]:（输入"50"，指定圆的半径）

命令：单击"绘图"工具栏按钮 ⊙（画小圆）

指定圆的圆心或[三点(3P)/两点(2P)/相切、相切、半径(T)]:_intof（单击"对象捕捉"工具栏按钮✖，捕捉图形的中心点）

指定圆的半径或[直径(D)]:（输入"35"，指定圆的半径）

命令：

2. 改变图形界限，并观察坐标的显示

（1）要求

将图3-21的图纸大小改成宽594，高420（单位：mm）。

（2）操作步骤

① 命令：（输入命令）

指定左下角点或（指定左下角点或开/关<默认值>）:（按〈Enter〉键）

指定右上角点<420.00,297.00>:（指定右上角点<默认值>）（输入"594,420"）

② 命令：（输入"Z"，按〈Enter〉键）

ZOOM

指定窗口角点，输入比例因子(nX，nXP)

[全部(A)/中心点(C)/动态(D)/范围(E)/上一个(P)/比例(S)/窗口(W)]<实时>:（输入"A"，按〈Enter〉键）

屏幕上显示刚设置的图幅。

3. 对绘制的图形实时缩放和平移

（1）要求

使用"实时缩放"和"平移"工具栏，观察图3-21。

（2）操作步骤

① 命令：单击"标准"工具栏按钮 ❀

按下鼠标左键，向下移动鼠标为缩小图形，向上移动鼠标为放大图形。

② 命令：单击"标准"工具栏按钮 ![手形图标]

光标变成一只小手，按住鼠标左键，左右、上下移动鼠标即可改变视口位置，按〈Esc〉或〈Enter〉键退出。

3.10 习题

1. 练习设置绘图环境、绘图单位、绘图界限。参照 3.1.2 节内容，试将绘图区的背景颜色从默认的黑色改变为白色。

2. 参照 3.6.1 节和 3.6.2 节内容，练习设置单一对象捕捉和自动对象捕捉。

① 用"单位控制"对话框确定绘图单位。要求长度、角度单位均为十进制，小数点后的位数保留 2 位，角度为 0。

② 用 LIMITS 命令选 A3 图幅。A3 图幅的 X 方向为 420mm，Y 方向为 297mm。

③ 用"草图设置"对话框，设置常用的绘图工具模式。设栅格间距为 10，栅格捕捉间距为 10；打开正交、栅格及栅格捕捉。

3. 熟练运用"ZOOM"命令，对图形显示进行缩放或平移。

操作如下：

命令： 输入"Z" ∠→输入"A" ∠ （使整张图全屏显示，栅格代表图纸的大小和位置）

执行结果如图 3-22 所示。

图 3-22　使用"ZOOM"命令显示栅格示例

注意：执行"ZOOM"命令时，应按下"栅格"按钮。

打开"草图设置"对话框，选择"捕捉和栅格"选项卡，在"栅格行为"选项组中应取消"显示超出界限的栅格"复选框。

第4章 图层、线型、颜色

利用 AutoCAD 2007，可以用不同的线型、线宽、颜色来绘图，也可以将所绘制对象放在不同的图层上。本章主要介绍它们的功能和应用，以便利用这些功能提高绘图效率和节省图形存储空间。

4.1 设置图层

图层是 AutoCAD 的一个重要的绘图工具，本节介绍图层的概念和设置。

4.1.1 图层概述

我们可以把图层想象为一张没有厚度的透明纸，各层之间完全对齐，一层上的某一基准点准确地对准其他各层上的同一基准点。用户可以给每一图层指定所用的线型、颜色，并将具有相同线型和颜色的对象放在同一图层，这些图层叠放在一起就构成了一幅完整的图形。

1. 图层的特点

图层具有的特点：

① 用户可以在一幅图中指定任意数量的图层，并对图层数量没有限制。

② 每一图层有一个名称，以便管理。

③ 一般情况下，一个图层上的对象应该是一种线型、一种颜色。

④ 各图层具有相同的坐标系，绘图界限，及显示时的缩放倍数。

⑤ 用户只能在当前图层上绘图，可以对各图层进行"打开"、"关闭"、"冻结"、"解冻"、"锁定"等操作管理。

2. 线型

在每一个图层上都应根据对象的要求设置一种线型，不同的图层可以设成不同的线型，也可以设成相同的线型。在新创建的图层上，AutoCAD 默认设置线型为"实线"（Continuous）。

3. 线宽

不同的图线有不同的宽度要求，并且代表了不同的含义。不同的图层可以设成不同的线宽，也可以设成相同的线宽，AutoCAD 默认设置线宽为"0.25"。

4. 颜色

每一个图层都应具有某一颜色，以便区别不同的图形对象，各图层的颜色可以相同，也可以不相同，在所有新创建的图层上，AutoCAD 会按默认方式把图层的颜色定义为白色（White），当绘图背景颜色设置为白色时，其显示颜色为黑色。

4.1.2 设置图层

图层的设置用于创建新图层和改变图层的特性。

1. 输入命令

可以执行以下命令之一：

● 菜单栏："格式" → "图层"

● 工具栏：

● 命令行：LAYER

当输入命令后，系统打开"图层特性管理器"对话框，如图 4-1 所示。默认状态下提供一个图层，图层名为"0"，颜色为白色，线型为实线，线宽为默认值。

图 4-1 "图层特性管理器"对话框

2. "图层特性管理器"对话框选项的主要功能

对话框上面的六个按钮分别是："新特性过滤器"、"新组过滤器"、"图层状态管理器"、"新建图层"、"删除图层"、"置为当前"按钮。按钮后面为"当前图层"文本框；中部有两个窗口，左侧为树状图窗口；右侧为列表框窗口；下面分别为"搜索图层"文本框、状态行和复选框。

① "新特性过滤器"按钮 ：用于打开"图层过滤器特性"对话框，如图 4-2 所示，该对话框可以对图层进行过滤，改进后的图层过滤功能大大简化了用户在图层方面的操作。在该对话框中，可以在"过滤器定义"列表框中设置图层名称、状态、颜色、线型及线宽等过滤条件。

图 4-2 "图层过滤器特性"对话框

② "新组过滤器"按钮 ：用于创建一个图层过滤器，其中包括已经选定并添加到该

过滤器的图层。

③ "图层状态管理器"按钮 ：单击该按钮，打开"图层状态管理器"对话框，如图 4-3 所示，用户可以通过该对话框管理命名的图层状态，即实现恢复、编辑、重命名、删除、从一个文件输入或输出到另一个文件等操作。该对话框中的各选项功能如下：

"图层状态"列表框：显示了当前图层已保存下来的图层状态名称，以及从外部输入进来的图层状态名称。

"新建"按钮：单击该按钮，可以打开"要保存的新图层状态"对话框创建新的图层状态，如图 4-4 所示。

图 4-3 "图层状态管理器"对话框　　　　图 4-4 "要保存的新图层状态"对话框

"删除"按钮：单击该按钮，可以删除选中的图层状态。

"输入"按钮：单击该按钮，打开"输入图层状态"对话框，如图 4-5 所示。可以将外部图层状态输入到当前图层中。

图 4-5 "输入图层状态"对话框

"输出"按钮：单击该按钮，打开"输出图层状态"对话框，可以将当前图形已保存下来的图层状态输出到一个 LAS 文件中。

"要恢复的图层设置"选项组：选择相应的复选框，设置图层状态和特性。单击"全部选择"按钮可以选择所有复选框，单击"全部清除"按钮可以取消所有复选框。

"恢复"按钮：单击该按钮，可以将选中的图层状态恢复到当前图形中，并且只有那些保存的特性和状态才能够恢复到图层中。

④"新建"按钮 ：用于创建新图层。单击该按钮，建立一个以"图层 1"为名的图层，连续单击该按钮，系统依次创建命名为"图层 2"、"图层 3"、……的图层，为了方便确认图层，可以用汉字来重命名。例如，"粗实线"、"点划线"、"尺寸"等。重命名的具体方法是，单击被选中的原图层名，即可以直接删除原图层名，并输入新的图层名。

⑤"置为当前"按钮 ✔：用于设置当前图层。在"图层特性管理器"对话框选择某一层的图层名，然后单击该按钮，则这一图层被设置成当前图层。

⑥"删除"按钮 ✖：用于删除不用的空图层。在"图层特性管理器"对话框中选择相应的图层，单击该按钮，被选中的图层将被删除。"0"图层、当前图层、有实体对象的图层不能被删除。

⑦"树状图"窗口：用于显示图形中图层和过滤器的层次结构列表。顶层节点"全部"显示了图形中的所有图层。过滤器按字母顺序显示，"所有使用的图层"过滤器是只读过滤器。

扩展节点以查看其中嵌套的过滤器。双击一个特性过滤器，以打开"图层过滤器特性"对话框并可查看过滤器的定义。

⑧"列表框"窗口：用于显示图层和图层过滤器及其特性和说明。如果在树状图中选定了某一个图层过滤器，则"列表框"窗口仅显示该图层过滤器中的图层。

树状图中的所有过滤器用于显示图形中的所有图层和图层过滤器。当选定了某一个图层特性过滤器且没有符合其定义的图层时，列表框将为空。

"列表框"窗口从左至右的各选项功能如下：

"名称"：用于显示各图层的名称，默认图层为"0"，各图层不能重名。

"开"：用于打开或关闭图层，单击"小灯泡" 💡 图标可以进行打开或关闭图层的切换，灯泡为黄色 💡 时，表示图层是打开的；灯泡为灰色 💡 时，表示图层是关闭的。图层被关闭时，该图层的图形被隐藏，不能显示出来，也不能打印输出。

"冻结"：用于图层冻结和解冻。单击"太阳" ☀ 图标和"冰花" ❄ 图标可以进行解冻和冻结之间的切换。显示"冰花" ❄ 图标时，图层被冻结，该图层的图形均不能显示出来，也不能打印输出，冻结图层与关闭图层的效果相同，区别在于前者的对象不参加处理过程的运算，所以执行速度更快一些。当前图层不能被冻结。

"锁定"：用于图层的锁定和解锁。单击"锁" 🔒 图标可以进行图层锁定和解锁的切换。"锁" 🔒 图标关闭时，表示图层被锁定，该层图形对象虽然可以显示出来，但不能对其编辑，在被锁定的当前图层上仍可以绘图和改变颜色及线型，但不能改变原图形。

"颜色"：用于显示各图层设置的颜色。如果改变某一图层的颜色，可单击该层的颜色图标，打开"选择颜色"对话框，如图 4-6 所示。在该对话框中选择一种颜色，单击"确定"按钮退出。

"线型"：用于显示各图层的线型。如果改变某一图层的线型，单击该图层上的线型名，打开"选择线型"对话框，如图 4-7 所示。在该对话框中选择一种线型，或者单击"加载"按钮，出现"加载或重载线型"对话框，如图 4-8 所示。

"线宽"：用于显示各图层的图线宽度。如果要改变某一图层的线宽，单击该层的线宽名称，打开"线宽"对话框，如图 4-9 所示。在该对话框中选择一种线宽，单击"确定"按钮，完成改变线宽操作。

图4-6 "选择颜色"对话框

图4-7 "选择线型"对话框

图4-8 "加载或重载线型"对话框

图4-9 "线宽"对话框

"打印样式"：用于确定各图层的打印样式。

"打印"用于确定图层是否被打印。默认状态的打印图标是打开的，表明该图层为打印状态。如果要关闭打印开关，则单击该图层的打印图标即可，此时该图层的图形对象可以显示，但不能打印，该功能对冻结和关闭的图层不起作用。

⑨"搜索图层"文本框：用于输入字符时，按名称快速过滤图层列表。

⑩ 状态行：用于显示当前过滤器的名称，列表框窗口中所显示图层的数量和图形中图层的数量。

注意：在"图层特性管理器"对话框中，选中"反转过滤器"复选框，将只显示所有不满足选定过滤器条件的图层；选中"应用到图层工具栏"复选框，则仅显示符合当前过滤器条件的图层；选中"指示正在使用的图层"复选框，则在列表视图中显示图标以指示图层是否正在被使用。

4.2 设置线型

绘制图形时，经常要根据绘图标准使用不同的线型绘图，用户可以使用线型管理器来设置和管理线型。

4.2.1 线型设置

LINETYPE 可以打开线型管理器，从线型库 ACADISO.LIN 文件中加载新线型，设置当前线型和删除已有的线型。

1. 输入命令

可以执行以下命令之一：

● 菜单栏："格式"→"线型"

● 命令行：LINETYPE

2. 线型管理器

输入命令后，系统打开"线型管理器"对话框，如图 4-10 所示。

图 4-10 "线型管理器"对话框

"线型管理器"对话框主要选项的功能如下：

"线型过滤器"下拉列表：该选项组用于设置过滤条件，以确定在线型列表中显示哪些线型。下拉列表框中有三个选项："显示所有线型"、"显示所有使用的线型"、"显示所有依赖于外部参照的线型"。如果从中选择后，系统在线型列表框中只显示满足条件的线型。如果选择以上三项之一后，再选择左面"反向过滤器(I)"选项，其结果与选项结果相反。

"加载"按钮：用于加载新的线型。单击该按钮，打开如图 4-8 所示"加载或重载线型"对话框，该对话框列出了以.lin 为扩展名的线型库文件。选择要输入的新线型，单击"确定"按钮，完成加载线型操作，返回"线型管理器"。

"当前"按钮：用于指定当前使用的线型。在线型列表框中选择某线型，单击"当前"按钮，则此线型为当前层所使用的线型。

"删除"按钮：用于从线型列表中删除没有使用的线型，即当前图形中没有使用到该线型，否则系统拒绝删除此线型。

"显示细节"按钮：用于显示或隐藏"线型管理器"对话框中的"详细信息"，如图 4-11 所示。

图 4-11 显示详细信息的"线型管理器"对话框

"详细信息"选项组包括三个选项：

"全局比例因子"：用于设置全局比例因子。它可以控制线型的长短、点的大小、线段的间隔尺寸。全局比例因子将修改所有新的和现有的线型比例。

"当前对象缩放比例"：用于设置当前对象的线型比例。该比例因子与全局比例因子的乘积为最终比例因子。

"缩放时使用图纸空间单位"：用于在各个视口中绘图的情况，该项关闭时，模型空间和图纸空间的线型比例都由整体线型比例控制；该项打开时，对图纸空间中不同比例的视窗，用视窗的比例调整线型的比例。

3. 线型库

AutoCAD 2007 标准线型库提供的 45 种线型，其中包含有多个长短、间隔不同的虚线和点画线，只有适当地选择它们，在同一线型比例下，才能绘制出符合制图标准的图线。AutoCAD 2007 标准线型及说明如图 4-12 所示。

单击在线型库要加载的某一种线型，再单击"确定"按钮，则线型被加载并在"选择线型"对话框显示该线型，再次选定该线型，单击"选择线型"对话框中的"确定"按钮，完成改变线型的操作。

按最新《技术制图标准》（GB/T17450-1998）绘制工程图时，线型选择推荐如下：

实线：CONTINUOUS

虚线：ACAD_ISO02W100

点画线：ACAD_ISO04W100

双点画线：ACAD_ISO05W100

4. 线型比例

在绘制工程图中，除了按制图标准选择外，还应设定合理的整体线型比例。线型比例值若给得不合理，就会造成虚线、点画线长短、间隔过大或过小，常常还会出现虚线和点画线画出来是实线的情况。

ACADISO.LIN 标准线型库中所设的点画线和虚线的线段长短和间隔长度，乘上全局比例因子才是真正的图样上的实际线段长度和间隔长度。线型比例值设成多少为合理，这是一个经验值。如果输出图时不改变绘图时选定的图幅大小，那么线型比例值与图幅大小无关。

48

选用上边推荐的一组线型时，在"A3～A0"标准图幅绘图时，全局比例因子一般设定在"0.3～0.4"之间，当前对象缩放比例值一般使用默认值"1"，有特殊需要时，可进行调整。

线型	说明
ACAD_ISO02W100	ISO dash __ __ __ __ __
ACAD_ISO03W100	ISO dash space __ __ __
ACAD_ISO04W100	ISO long-dash dot ____ . ____ . ____ .
ACAD_ISO05W100	ISO long-dash double-dot ____ .. ____ .. ____
ACAD_ISO06W100	ISO long-dash triple-dot ____ ... ____ ... .
ACAD_ISO07W100	ISO dot . . . .
ACAD_ISO08W100	ISO long-dash short-dash ____ __ ____ __
ACAD_ISO09W100	ISO long-dash double-short-dash ____ __ __
ACAD_ISO10W100	ISO dash dot __ . __ . __ . __ . __ . __ .
ACAD_ISO11W100	ISO double-dash dot __ __ . __ __ . __ __ .
ACAD_ISO12W100	ISO dash double-dot __ . . __ . . __ . .
ACAD_ISO13W100	ISO double-dash double-dot __ __ . . __ __ .
ACAD_ISO14W100	ISO dash triple-dot __ ... __ ... __ ...
ACAD_ISO15W100	ISO double-dash triple-dot __ __ . . . __ __
BATTING	Batting SSSSSSSSSSSSSSSSSSSSSSSSSSSSSSSSSSSS
BORDER	Border __ __ . __ __ . __ __ . __ __ . __
BORDER2	Border (.5x) _ _ . _ _ . _ _ . _ _ .
BORDERX2	Border (2x) ____ ____ . ____ ____ . ____
CENTER	Center ____ _ ____ _ ____ _ ____ _ ____
CENTER2	Center (.5x) ___ _ ___ _ ___ _ ___ _ ___
CENTERX2	Center (2x) _____ __ _____ __ ____
DASHDOT	Dash dot __ . __ . __ . __ . __ . __ . __
DASHDOT2	Dash dot (.5x) _ . _ . _ . _ . _ . _ . _ .
DASHDOTX2	Dash dot (2x) ____ . ____ . ____ . ____ .
DASHED	Dashed __ __ __ __ __ __ __ __ __ __ __
DASHED2	Dashed (.5x) _ _ _ _ _ _ _ _ _ _ _ _ _
DASHEDX2	Dashed (2x) ____ ____ ____ ____ ____
DIVIDE	Divide __ . . __ . . __ . . __ . . __
DIVIDE2	Divide (.5x) _ . . _ . . _ . . _ . . _ . .
DIVIDEX2	Divide (2x) ____ . . ____ . . ____ . . ____
DIVIDEX2	Divide (2x) _____ . . _____ . .
DOT	Dot . . . .
DOT2	Dot (.5x) . . . .
DOTX2	Dot (2x) . . . .
FENCELINE1	Fenceline circle ----O----O----O----O----O
FENCELINE2	Fenceline square ----[]----[]----[]----[]
GAS_LINE	Gas line ----GAS----GAS----GAS----GAS----GAS
HIDDEN	Hidden __ __ __ __ __ __ __ __ __ __ __
HIDDEN2	Hidden (.5x) _ _ _ _ _ _ _ _ _ _ _ _ _
HIDDENX2	Hidden (2x) ____ ____ ____ ____ ____
HOT_WATER_SUPPLY	Hot water supply ---- HW ---- HW ---- HW ---
JIS_02_0.7	HIDDEN0.75
JIS_02_1.0	HIDDEN01
JIS_02_1.2	HIDDEN01.25
JIS_02_2.0	HIDDEN02
JIS_02_4.0	HIDDEN04
JIS_08_11	1SASEN11 ____ ____ ____ ____ ____
JIS_08_15	1SASEN15 ____ ____ ____ ____ ____
JIS_08_25	1SASEN25 ____ ____ ____ ____
JIS_08_37	1SASEN37 ____ ____ ____
JIS_08_50	1SASEN50 ____ ____ ____
JIS_09_08	2SASEN8 __ __ __ __ __ __ __ __
JIS_09_15	2SASEN15 ___ ___ ___ ___ ___
JIS_09_29	2SASEN29 _____ 丂 _____ 丂 _____
JIS_09_50	2SASEN50 _____ 丂 _____
PHANTOM	Phantom _____ _ _ _____ _ _ _____
PHANTOM2	Phantom (.5x) ___ _ _ ___ _ _ ___ _ _
PHANTOMX2	Phantom (2x) _____ __ __ _____
TRACKS	Tracks -|-|-|-|-|-|-|-|-|-|-|-|-|-|-|-|
ZIGZAG	Zig zag /\/\/\/\/\/\/\/\/\/\/\/\/\/\/\/\

图 4-12 标准线型及说明

整体线型比例值可用 LTSCALE 命令来设定，也可在"线型管理器"中设定。操作方法如下：

从"格式"菜单选取"线型"命令，AutoCAD 将打开"线型管理器"对话框，如图 4-13所示。将"全局比例因子"设置为"0.35"，"当前对象缩放比例"设置为"1"。

图 4-13　"线型管理器"对话框

4.2.2　线宽设置

LWEIGHT 命令可以设置绘图线型的宽度。

1. 输入命令

可以执行以下命令之一：

- 命令行：LWEIGHT
- 菜单栏："格式"→"线宽"
- 菜单栏："工具"→"选项"→"用户系统配置"选项卡→"线宽设置"按钮

2."线宽设置"对话框

执行上面命令方式之一后，打开"线宽设置"对话框，如图 4-14 所示。其主要选项功能如下：

"线宽"列表框：用于设置当前所绘图形的线宽。

"列出单位"选项组：用于确定线宽单位。

"显示线宽"复选框：用于在当前图形中显示实际所设线宽，如图 4-15 所示。

图 4-14　"线宽设置"对话框

图4-15　"显示线宽"复选框选择效果示例

a) 未选前　b) 选择后

"默认"下拉列表框：用于设置图层的默认线宽。

"调整显示比例"：用于确定线宽的显示比例。当需要显示实际所设的线宽时，显示比例应调至最小。

4.3 设置颜色

COLOR 命令用于设置图形对象的颜色。

1．输入命令

可以执行以下命令之一：

● 菜单栏："格式"→"颜色"

● 命令行：COLOR

2．"选择颜色"对话框

执行上面命令之一后，系统打开"选择颜色"对话框，如图 4-6 所示。

"选择颜色"对话框中包括一个 255 种颜色的调色板，其中，标准颜色分别为：

1 = 红色	2 = 黄色	3 = 绿色	4 = 青色
5 = 蓝色	6 = 橙色	7 = 白色	8 和 9 为不同的灰色

用户可通过鼠标单击对话框中的"随层"（ByLayer）按钮、"随块"（ByBlock）按钮或指定某一具体颜色来进行选择。

"随层"按钮：所绘制对象的颜色总是与当前图层的绘制颜色相一致，这是最常用的方式。

"随块"按钮：选择此项后，绘图颜色为白色，"块"成员的颜色将随块的插入而与当前图层的颜色相一致。

选择某一具体颜色为绘图颜色后，系统将以该颜色绘制对象，不再随所在图层的颜色变化。

4.4 "图层"和"对象特性"工具栏

"图层"和"对象特性"工具栏可以让用户更为方便、快捷地对图层、颜色、线型、线宽进行设置和修改。

4.4.1 "图层"工具栏

"图层"工具栏在"标准"工具栏的下面，如图 4-16 所示，各项功能自左向右介绍如下：

1．"图层特性管理器"图标

用于打开"图层特性管理器"对话框，如图
4-1 所示。

图 4-16 "图层"工具栏

2．"图层"列表框

该列表中列出了符合条件的所有图层，若需将某个图层设置为当前图层，在列表框中选取该层图标即可。通过列表框可以实现图层之间的快速切换，提高绘图效率。也可以单击列表框中的图标对图层进行冻结与解冻，锁定与解冻等切换操作。

3.“当前图层”图标 🖌

用于将选定对象所在的图层设置为当前层。

4.“上一个图层”图标 🖌

用于返回到刚操作过的那个图层。

4.4.2　“对象特性”工具栏

“对象特性”工具栏在“图层”工具栏的右侧，如图 4-17 所示，其各列表框的功能自左向右介绍如下：

图 4-17　“对象特性”工具栏

1.“颜色”下拉列表框

“颜色”下拉列表框用于列出当前图形可选择的各种颜色，但不能改变原图层设置的颜色，“随层”（Bylayer）选项表示所希望的颜色按图层本身的颜色来确定，“随块”（Byblock）选项表示所希望的颜色按图块本身的颜色来确定。换句话说，如果选取“随层”与“随块”之外的颜色，随后所绘制的对象颜色将是独立的，不会随图层的变化而变化。选中“选择颜色”选项，将打开“选择颜色”对话框，可从中选择当前对象的颜色。“颜色”下拉列表框，如图 4-18 所示。

图 4-18　“对象特性”工具栏中的“颜色”列表框

2.“线型”列表框

“线型”列表框用于列出当前图形可选用的各种线型，但不能改变原图层设置的线型，如图 4-19 所示。

图 4-19　“对象特性”工具栏中的“线型”列表框

3.“线宽”列表框

“线宽”列表框用于列出当前图形可选用的各种线宽，但不能改变原图层设置的线宽，如图 4-20 所示。

图 4-20 "对象特性"工具栏中的"线宽"列表框

4."打印样式"列表框

"打印样式"列表框用于显示当前层的打印格式,若未设置则该项为不可选。

4.5 上机练习

1. 设置新图层

（1）要求

用"图层特性管理器"设置新图层,将各种线型绘制在不同的图层上。图层设置要求见表 4-1。

表 4-1 图层设置要求

线　型	颜　色	线　宽
点画线（ACAD_ISO04W100）	洋红	默认
粗实线（默认）	红色	0.7
细实线（默认）	白色	默认
虚线（ACAD_ISO02W100）	蓝色	默认

（2）操作步骤

① 单击按钮 ，打开"图层特性管理器"对话框。

② 在"图层特性管理器"中,单击"新建图层"按钮。设置 4 个图层,并分别命名为点画线、粗实线、细实线、虚线。

③ 单击颜色图标,按照上述要求对各个图层设置相应的颜色。

④ 单击线型图标,按照上述要求对各个图层设置相应的线型。

⑤ 单击线宽图标,按照上述要求对各个图层设置相应的线宽。

⑥ 单击"应用"保存修改,或者单击"确定"保存并关闭。

结果如图 4-21 所示。

2. 过滤图层

（1）要求

对图 4-21 所示的"图形特性管理器"对话框中显示的所有图层进行过滤,创建一个图形过滤器，要求被过滤的图层名称为"*实线*"；图层属于"开启"；线型为"Continuous"。

图 4-21 设置新图层示例

（2）操作步骤

① 选择"格式"→"图层"命令，打开"图形特性管理器"对话框。

② 在对话框中单击"新特性过滤器"按钮，打开"图层过滤器特性"对话框，如图 4-2 所示。

③ 在"过滤器定义"列表框中的"图层名称"一栏中输入"* 实线 *"；在"开"一栏中选择"开启"；在线型一栏中选择"Continuous"。

输入图层名称时，可以使用通配符。"*"（星号）匹配任意字符串，可以在搜索字符串的任意位置使用，例如"* 实线 *"匹配任何包含"实线"的字符。"?"（问号）匹配任意单个字符，例如，?BC 匹配 ABC、6BC 等。

④ 设置完毕后，在"过滤器预览"列表框中将显示所有符合要求的图层信息，如图 4-22 所示。

图 4-22 "图层过滤器特性"对话框设置示例

⑤ 单击"确定"按钮，关闭"图层过滤器特性"对话框，此时在"图层特性管理器"对话框的左侧列表框中将显示"特性过滤器"选项。选择该选项在对话框的右侧显示被过滤后的图层信息，如图 4-23 所示。

图 4-23　显示过滤图层的"图层特性管理器"对话框

3．保存与恢复图层

（1）要求

保存图层与恢复图层。

（2）保存图层操作步骤

在"图层管理器"对话框中单击鼠标右键，可以打开快捷菜单，如图 4-24 所示，从中选取"保存图层状态"和"恢复图层状态"命令，以保存和恢复图层状态。

①　在快捷菜单中选择"保存图层状态"命令，打开"要保存的新图层状态"对话框。

②　在"新图层状态名"文本框中输入图层状态的名称；在"说明"文本框中输入相关的图层说明文字，然后单击"确定"按钮，如图 4-25 所示。

图 4-24　快捷菜单　　　　　图 4-25　"要保存的新图层状态"对话框

（3）恢复图层操作步骤

恢复命名图层状态时，默认情况下，将恢复在保存图层状态时指定的图层设置（图层状态和图层特性）。因为所有图层设置都保存在命名图层状态中，所以可以在恢复时指定不同的设置。未选择恢复的所有图层设置都将保持不变。恢复图层设置的操作步骤如下：

①　选择"格式"→"图层"命令，打开"图层特性管理器"对话框。

②　在"图层特性管理器"对话框中，单击"图层状态管理器"按钮。

③　在"图层状态管理器"对话框中，选择命名图层状态，如图 4-26 所示。

④　选择要恢复的设置，并单击"恢复"按钮。图层状态管理器将关闭。

⑤　单击"确定"按钮，退出"图层特性管理器"对话框。

图 4-26　"图层状态管理器"对话框

4. 使用"层漫游"管理图层

"层漫游"可以动态显示在"图层"列表中所选图层上的对象。当退出、保存图层状态时，可以更改当前图层状态。以图 4-27 为例，要求在绘图区只显示"尺寸"图层，并要求确定两个小圆所在的图层。作图步骤如下。

① 选择"格式"→"图层工具"→"层漫游"命令，打开"层漫游"对话框，如图 4-28所示，对话框标题中显示出图形中的图层数。

图 4-27　"层漫游"示例

图 4-28　"层漫游"对话框

② 在图层列表中选择"尺寸"图层，在绘图区中将只显示尺寸图层中的元素，如图 4-29所示。

③ 在"层漫游"对话框中单击"选择对象"按钮，并在绘图区选取两个小圆。

④ 按〈Enter〉键返回"层漫游"对话框，此时，只有两小圆所在的图层显亮，用户即可确定它们所在的图层，如图 4-30 所示。

图 4-29　"层漫游"示例

图 4-30　"层漫游"对话框

4.6 习题

1. 用"图层特性管理器"创建新图层，图层、颜色、线型、线宽设置要求如下：

粗实线	红色	实线(CONTINUOUS)	0.7mm
虚线	蓝色	虚线(ACAD_ISO02W100)	0.2mm
点画线	紫色	点画线(ACAD_ISO04W100)	0.2mm
双点画线	黄色	双点画线(ACAD_ISO05W100)	0.2mm
细实线	白色（或黑色）	实线(CONTINUOUS)	0.2mm
剖面线	白色（或黑色）	实线(CONTINUOUS)	0.2mm
尺寸	白色（或黑色）	实线(CONTINUOUS)	0.2mm
文字	白色（或黑色）	实线(CONTINUOUS)	0.2mm
剖切符号	白色（或黑色）	实线(CONTINUOUS)	1mm

2. 在创建的各新图层上绘制图形，并利用"图层"和"对象特性"工具栏改变图形设置。

第5章 绘制二维图形

AutoCAD 2007 提供了丰富的绘图命令，常用绘图命令包括：绘制点；绘制构造线、多线和多段线；绘制正多边形；绘制圆、圆弧、椭圆、椭圆弧和圆环；绘制多线；绘制样条曲线；绘制云状线；绘制擦除区域。可以从"绘图"工具栏和"绘图"菜单栏调用这些命令，如图 5-1 和图 5-2 所示。本章介绍如何使用 AutoCAD 2007 绘制二维平面图形。使用这些命令可以绘制各种图形对象，它们也是二维高级绘图和三维绘图的基础。

图 5-1 "绘图"工具栏 　　　　　　　图 5-2 "绘图"菜单栏

5.1 绘制点

点是组成图形的最基本的实体对象之一。利用 AutoCAD 2007 可以方便地绘制各种形式的点。

5.1.1 设置点的样式

AutoCAD 提供了 20 种不同样式的点，用户可以根据需要进行设置。

1. 输入命令

可以执行以下命令之一：

● 菜单栏："格式"→"点样式"
● 命令行：DDPTYPE

2. 操作格式

执行上面命令之一，系统打开"点样式"对话框，如图 5-3 所示。

对话框各选项功能如下：

"点样式"：提供了 20 种样式，可以从中任选一种。

"点大小"：确定所选点的大小。

"相对于屏幕设置尺寸"：即点的大小随绘图区的变化而改变。

图 5-3 "点样式"对话框

"用绝对单位设置尺寸"：即点的大小不变。

设置样式后，单击"确定"按钮，完成操作。

5.1.2 绘制单点或多点

此功能可以在指定位置上绘制单一点或多个点。

1. 输入命令

可以执行以下命令之一：

● 工具栏：·

● 菜单栏："绘图"→"点"→"单点"或"多点"

● 命令行：POINT

2. 操作格式

系统提示：

命令:（输入上面命令之一）

指定点:（指定点的位置）

如果选用"单点"命令，在指定点位置后将结束操作；若选用"多点"命令则在指定点后，可以继续输入点的位置或按〈Esc〉键结束操作。

5.1.3 绘制等分点

此功能可以在指定的对象上绘制等分点或在等分点处插入块（块的内容在以后章节介绍）。

1. 输入命令

可以执行以下命令之一：

● 菜单栏："绘图"→"点"→"定数等分"

● 命令行：DIVIDE

2. 操作格式

下面以图 5-4 为例，首先绘制直线 L。

系统提示：

命令:（输入上面命令之一）

选择要定数等分的对象:（选择直线 L）

输入线段数目或[块(B)]:（输入等分线段数目"5"）

按〈Enter〉键，完成操作，结果如图 5-4 所示。

如果默认状态下的点样式过小，不易观察结果，可以重新设置点样式。

图 5-4 "定数等分"线段示例

5.1.4　绘制等距点

此功能可以在指定的对象上用给定距离放置点或块。

1．输入命令

可以执行以下命令之一：

● 菜单栏："绘图"→"点"→"定距等分"

● 命令行：MEASURE

2．操作格式

下面以图 5-5 为例，首先绘制直线 L。

系统提示：

命令：（输入上面命令之一）

选择要定距等分的对象：（选择直线 L 左端，一般以离
选择线段对象点较近端为等距起点）

指定线段长度或[块(B)]:（输入线段长度"40"）

按〈Enter〉键，完成操作，如图 5-5 所示。

图 5-5　"定距等分"线段示例

5.2　绘制射线

射线为一端固定，另一端无限延长的直线。

1．输入命令

可以执行以下命令之一：

● 菜单栏："绘图"→"射线"

● 命令行：RAY

2．操作格式

命令：（输入命令）

指定起点：（指定起点）

指定通过点：（指定通过点，画出一条线）

可以在"指定通过点："的提示下，指定多个通过点，来绘制以起点为端点的多条射线，
按〈Enter〉键结束。

5.3　绘制构造线

构造线又叫参照线，是向两个方向无限延长的直线。构造线一般用作绘图的辅助线，其
操作如下。

5.3.1　指定两点画线

该选项为默认项，可画一条或一组穿过起点和通过各点的无穷长直线。

1．输入命令

可以执行以下命令之一：

- 工具栏：✐
- 菜单栏："绘图" → "构造线"
- 命令行：XLINE

2．操作格式

命令：（输入命令）

指定点或[水平(H)/垂直(V)/角度(A)/二等分(B)/偏移(O)]：（指定起点）

指定通过点：（指定通过点，画出一条线）

指定通过点：（指定通过点，再画一条线或按〈Enter〉键结束）

命令：

提示中各选项含义如下：

水平(H)：用于绘制通过指定点的水平构造线。

垂直(V)：用于绘制通过指定点的垂直构造线。

角度(A)：用于绘制通过指定点并成指定角度的构造线。

二等分(B)：用于绘制通过指定角的平分线。

偏移(O)：复制现有的构造线，指定偏移通过点。

5.3.2　绘制水平构造线

该选项可以绘制一条或一组通过指定点并平行于 X 轴的构造线，其操作如下：

命令：（输入命令）

指定点或[水平(H)/垂直(V)/角度(A)/二等分(B)/偏移(O)]：（输入"H"，按〈Enter〉键）

指定通过点：（指定通过点后画出一条水平线）

指定通过点：（指定通过点再画出一条水平线或按〈Enter〉键结束命令）

命令：

5.3.3　绘制垂直构造线

该选项可以绘制一条或一组通过指定点并平行于 Y 轴的构造线，其操作如下：

命令：（输入命令）

指定点或[水平(H)/垂直(V)/角度(A)/二等分(B)/偏移(O)]：（输入"V"，按〈Enter〉键）

指定通过点：（指定通过点画出一条铅垂线）

指定通过点：（指定通过点再画出一条铅垂线或按〈Enter〉键结束命令）

命令：

5.3.4　绘制构造线的平行线

该选项可以绘制与所选直线平行的构造线，其操作如下：

命令：（输入命令）

指定点或[水平(H)/垂直(V)/角度(A)/二等分(B)/偏移(O)]：（输入"O"，按〈Enter〉键）

指定偏移距离或[通过(T)]〈20〉：（输入偏移距离）

选择直线对象：（选取一条构造线）

指定要偏移的边：（指定在已知构造线的哪一侧偏移）

选择直线对象：（可重复绘制构造线或按〈Enter〉键结束命令）

命令：

若在"指定偏移距离或 [通过(T)]〈20〉:"提示行输入"T"，系统提示：

选择直线对象：（选择一条构造线或直线）

指定通过点：（指定通过点可以绘制与所选直线平行的构造线）

选择直线对象：（可同上操作再画一条线，也可按〈Enter〉键结束该命令）

5.3.5　绘制角度构造线

该选项可以绘制一条或一组指定角度的构造线，其操作如下：

命令：（输入命令）

指定点或[水平(H)/垂直(V)/角度(A)/二等分(B)/偏移(O)]:（输入"A"，按〈Enter〉键）

选项后，按提示先指定角度，再指定通过点即可绘制角度构造线。

5.4　绘制多段线

该功能可以绘制多段线。多段线是由一组等宽或不等宽的直线或圆弧组成的单一实体，如图5-6所示。

1. 输入命令

可以执行以下命令之一：

- 工具栏：➜
- 菜单栏："绘图"→"多段线"
- 命令行：PLINE

图5-6　多段线的示例

2. 操作格式

命令：（输入命令）

指定起点：（指定多段线的起始点）

当前线宽为 0:（提示当前线宽是"0"）

指定下一点或[圆弧(A)/半宽(H)/长度(L)/放弃(U)/宽度(W)]:（指定下一点或选项）

3. 选项说明

命令中的各选项功能如下：

①"指定下一点"：按直线方式绘制多段线，线宽为当前值。

②"圆弧"：按圆弧方式绘制多段线。选择该项后，系统提示："指定圆弧的端点或[角度(A)/圆心(CE)/闭合(CL)/方向(D)/半宽(H)/直线(L)/半径(R)/第二个点(S)/放弃(U)/宽度(W)]:"各选项含义如下：

"角度"：用于指定圆弧的圆心角。输入正值，逆时针绘制圆弧；输入负值，则顺时针绘制圆弧。

"圆心"：用于指定圆心来绘制圆弧。

"闭合"：用于闭合多段线，即将选定的最后一点与多段线的起点相连。

"方向"：用于确定圆弧在起始点处的切线方向。

"半宽"：用于确定圆弧线的宽度，（即输入宽度的一半）。

"直线"：用于转换成绘制直线的方式。

"半径"：用于指定半径来绘制圆弧。

"第二个点"：用于输入第二点绘制圆弧。

"放弃"：用于取消上一段绘制的圆弧。

"宽度"：用于确定圆弧的宽度。

③ "长度"：用于指定绘制的直线长度。其方向与前一段直线相同或与前一段圆弧相切。

④ 其余选项含义与圆弧方式绘制的选项含义相同，这里不再重复。

5.5 绘制正多边形

在 AutoCAD 中可以精确绘制 3～1024 边数的正多边形，并提供了边长、内接圆、外切圆 3 种绘制方式，该功能绘制的正多边形是封闭的单一实体。

5.5.1 边长方式

1. 输入命令

可以执行以下命令之一：

● 工具栏：⬠

● 菜单栏："绘图"→"多边形"

● 命令行：POLYGON

2. 操作格式

命令：（输入命令）

输入边的数目〈4〉：（输入边数，默认边数为4）

指定正多边形的中心点或[边(E)]：（输入"E"）

指定边的第一个端点：（输入边的第一个端点1）

指定边的第二个端点：（输入边的第二个端点2）

命令：

结果如图 5-7 所示。

图 5-7 边长方式绘制多边形

5.5.2 内接圆方式

1. 输入命令

可以执行以下命令之一：

● 工具栏：⬠

● 菜单栏："绘图"→"多边形"

● 命令行：POLYGON

2. 操作格式

命令：（输入命令）

输入边的数目〈4〉：（输入边数6，默认边数为4）

指定正多边形的中心点或[边(E)]：（指定多边形的中心点）

输入选项[内接于圆(I)/外切于圆(C)]〈I〉：（"I"为默认值，直接按〈Enter〉键）

指定圆的半径:（指定圆的半径）

命令:

结果按内接圆方式绘制多边形，如图 5-8 所示。

5.5.3　外切圆方式

1．输入命令

可以执行以下命令之一：

图 5-8　内接圆方式绘制正多边形示例

- 工具栏：
- 菜单栏："绘图"→"多边形"
- 命令行：POLYGON

2．操作格式

命令:（输入命令）

输入边的数目〈4〉:（输入边数 6，默认边数为 4）

指定正多边形的中心点或[边(E)]:（指定多边形的中心点）

输入选项[内接于圆(I)/外切于圆(C)]〈I〉:（输入"C"）

指定圆的半径:（指定圆的半径）

命令:

结果按外切圆方式绘制多边形，如图 5-9 所示。

5.6　绘制矩形

图 5-9　外切圆方式绘制正多边形示例

该功能可以绘制矩形，并能按要求绘制倒角和圆角。该功能绘制出的矩形为封闭的单一实体。

5.6.1　绘制普通的矩形

该方式按指定的两个对角点绘制矩形，以图 5-10 为例。

1．输入命令

可以执行以下命令之一：

- 工具栏：
- 菜单栏："绘图"→"矩形"
- 命令行：RECTANG

图 5-10　绘制矩形示例

2．操作格式

命令:（输入命令）

指定第一个角点[倒角(C)/标高(E)/圆角(F)/厚度(T)/宽度(W)]:（用鼠标选取矩形第 1 个对角点 1）

指定另一个角点:（用鼠标选点或输入矩形另一个对角点 2 的坐标）

命令:

结果如图 5-10 所示。

5.6.2 绘制倒角的矩形

该方式按指定的倒角尺寸，绘制倒角的矩形，以图 5-11 为例。

1. 输入命令

可以执行以下命令之一：

- 工具栏：▭
- 菜单栏："绘图" → "矩形"
- 命令行：RECTANG

2. 操作格式

图 5-11　绘制倒角的矩形示例

命令：（输入命令）

指定第 1 个角点或[倒角(C)/标高(E)/圆角(F)/厚度(T)/宽度(W)]：（输入 "C"）

指定矩形的第 1 个倒角距离〈0.00〉：（输入 "20"）

指定矩形的第 2 个倒角距离〈0.00〉：（输入 "20"）

指定第一个角点或[倒角(C)/标高(E)/圆角(F)/厚度(T)/宽度(W)]：（指定 1 点）

指定另一个角点[面积(A)/尺寸(D)/旋转(R)]：（指定 2 点）

命令：

提示 "指定另一个角点[面积(A)/尺寸(D)/旋转(R)]：" 时，可以直接指定另一个角点来绘制矩形；也可以输入 "A"，通过指定矩形的面积和长度（或宽度）绘制矩形；也可以输入 "D"，通过指定矩形的长度、宽度和矩形的另一个角点绘制矩形；也可以输入 "R"，通过指定旋转的角度和拾取两个参考点绘制矩形，结果如图 5-11 所示。

5.6.3 绘制倒圆角的矩形

该方式按指定的圆角尺寸，绘制倒圆角的矩形，以图 5-12 为例。

命令：（输入命令）

指定第 1 个角点或[倒角(C)/标高(E)/圆角(F)/厚度(T)/宽度(W)]：（输入 "F"）

指定矩形的圆角半径〈0.00〉：（输入 "20"）

指定第 1 个角点或[倒角(C)/标高(E)/圆角(F)/厚度(T)/宽度(W)]：（指定第 1 个对角点）

指定另一个角点[面积(A)/尺寸(D)/旋转(R)]：（指定另一个对角点）

命令：

结果如图 5-12 所示。

图 5-12　绘制倒圆角的矩形示例

5.7　绘制圆弧

ARC 命令可以根据指定的方式绘制圆弧，AutoCAD 提供了 11 种绘制圆弧的方式。圆弧的子菜单列出其方式，如图 5-13 所示。

图 5-13　"圆弧" 子菜单

5.7.1 三点方式

1. 输入命令

可以执行以下命令之一：

● 工具栏：⌒

● 菜单栏："绘图" → "圆弧" → "三点" 或其他命令

● 命令行：ARC

通常使用菜单栏输入"圆弧"的命令较为方便。

2. 操作格式

以图 5-14 为例。

命令：（输入命令）

指定圆弧的起点或[圆心(C)]：（指定圆弧起点 a）

指定圆弧的第二点或[圆心(C)/端点(E)]：（指定 b 点）

指定圆弧的端点：（指定圆弧的端点 c）

命令：

结果如图 5-14 所示。三点方式为默认方式。

图 5-14　三点方式绘制圆弧示例

5.7.2　起点、圆心、端点方式

1. 输入命令

可以执行以下命令之一：

● 工具栏：⌒

● 菜单栏："绘图" → "圆弧" → "起点、圆心、端点"

● 命令行：ARC

2. 操作格式

以图 5-15 为例。

命令：（输入命令）

指定圆弧的起点或[圆心(C)]：（指定圆弧起点 a）

指定圆弧的起点或[圆心(C)/端点(E)]：（输入 "C"）

指定圆弧的圆心：（指定圆心 "o"）

指定圆弧的端点或[角度(A)/弦长(L)]：（指定端点 b）

命令：

结果如图 5-15 所示。

图 5-15　起点、圆心、端点方式绘制圆弧示例

66

5.7.3 起点、圆心、角度方式

以图 5-16 为例。

1. 输入命令

菜单栏："绘图"→"圆弧"→"起点、圆心、角度"

2. 操作格式

命令：（输入命令）

指定圆弧的起点或[圆心(C)]：（指定圆弧起点 a）

指定圆弧的第二点或[圆心(C)/端点(E)]：（输入"C"）

指定圆弧的圆心：（指定圆心"o"）

指定圆弧的端点或[角度(A)/弦长(L)]：（输入"A"）

指定包含角：（输入包含角度 160）

命令：

结果如图 5-16 所示。默认状态下，角度方向
设置为逆时针，输入正值，绘制的圆弧从起始点
绕圆心沿逆时针方向绘出；如果输入负值，则沿
顺时针方向绘出。

图 5-16 起点、圆心、角度方式绘制圆弧示例

5.7.4 起点、圆心、长度方式

以图 5-17 为例。

1. 输入命令

菜单栏："绘图"→"圆弧"→"起点、圆心、长度"

2. 操作格式

命令：（输入命令）

指定圆弧的起点或[圆心(C)]：（指定圆弧起点 a）

指定圆弧的第二点或[圆心(C)/端点(E)]：（输入"C"）

指定圆弧的圆心：（指定圆心"o"）

指定圆弧的端点[角度(A)/弦长(L)]：（输入"L"）

指定弦长：（输入"200"）

命令：

结果如图 5-17 所示。如果输入的弦长为"-200"，则显示为空缺部分，如图 5-18 所示。

图 5-17 起点、圆心、长度绘制圆弧示例

图 5-18 弧长为负值的结果示例

5.7.5 起点、端点、角度方式

以图 5-19 为例。

命令: (从菜单选取"绘图"→"圆弧"→"起点、端点、角度")

指定圆弧的起点或[圆心(C)]: (指定圆弧起点 a)

指定圆弧的第二点或 [圆心(CE) / 端点(E)]: 指定圆弧的端点: (指定圆弧的端点 b)

指定圆弧的圆心或 [角度(A) / 方向(D) / 半径(R)]: 指定包含角: (输入圆弧包含角 120)

命令:

结果如图 5-19 所示。

5.7.6 起点、端点、方向方式

以图 5-20 为例。

命令: (从菜单选取"绘图"→"圆弧"→"起点、端点、方向")

指定圆弧的起点或[圆心(C)]: (指定圆弧起点 a)

指定圆弧的第二点或[圆心(CE) / 端点(E)]: 指定圆弧的端点: (指定圆弧的端点 b)

指定圆弧的圆心或[角度(A) / 方向(D) / 半径(R)]: 指定圆弧的起点切向: (指定圆弧的方向点)

命令:

所绘制圆弧以 a 点为圆弧起点，b 点为终点，所给方向点与弧起点的连线是该圆弧的矢量方向，如图 5-20 所示，ac 切向矢量确定了细实线圆弧的形状；ad 切向矢量确定了粗实线圆弧的形状。

图 5-19 起点、端点、角度绘制圆弧示例　　图 5-20 起点、端点、方向绘制圆弧示例

5.7.7 起点、端点、半径方式

以图 5-21 为例。

命令: (从菜单选取"绘图"→"圆弧"→"起点、端点、半径")

指定圆弧的起点或[圆心(C)]: (指定圆弧起点 a)

指定圆弧的起点或[圆心(C)/端点(E)]: (输入"E")

指定圆弧的端点: (指定圆弧的端点 b)

指定圆弧的圆心或[角度(A)/方向(D)/半径

图 5-21 起点、端点、半径方式绘制圆弧示例

(R)]:（输入"R"）

指定圆弧的半径：（输入"82"）

命令：

结果如图 5-21 所示。

5.8 绘制椭圆和椭圆弧

ELLIPSE 命令可以绘制椭圆和椭圆弧。AutoCAD 提供了 3 种画椭圆的方式，其操作如下。

5.8.1 轴端点方式

指定椭圆的 3 个轴端点来绘制椭圆，如图 5-22 所示。

1. 输入命令

可以执行以下命令之一：

● 工具栏：
● 菜单栏："绘图"→"椭圆"
● 命令行：ELLIPSE

2. 操作格式

命令：（输入命令）

图 5-22 轴端点方式绘制椭圆

指定椭圆的轴端点或[圆弧(A)/中心点(C)]：（指定长轴 a 点）

指定轴的另一个端点：（指定长轴另一个端点 b）

指定另一条半轴长度或[旋转(R)]：（指定 c 点确定短轴长度）

命令：

结果如图 5-22 所示。

5.8.2 中心点方式

指定椭圆中心和长、短轴的各一端点来绘制椭圆。

1. 输入命令

可以执行以下命令之一：

● 工具栏：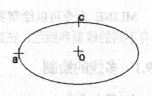
● 菜单栏："绘图"→"椭圆"
● 命令行：ELLIPSE

2. 操作格式

命令：（输入命令）

指定椭圆的轴端点或[圆弧(A)/中心点(C)]：（输入"C"）

指定椭圆中心点：（指定中心点 o）

指定轴的端点：（指定长轴端点 a）

指定另一条半轴长度或[旋转(R)]：（指定短轴端点 c）

命令：

图 5-23 中心点方式绘制椭圆示例

结果如图 5-23 所示。

5.8.3　旋转角方式

此方式可以指定旋转角来绘制椭圆。旋转角是指其中一轴相对另一轴的旋转角度，当旋转角度为零时，将画成一个圆，当旋转角度 > 89.4 时，命令无效。

1．输入命令

可以执行以下命令之一：

- 工具栏：⬭
- 菜单栏："绘图"→"椭圆"
- 命令行：ELLIPSE

2．操作格式

命令：（输入命令）

指定椭圆的轴端点或[圆弧(A)/中心点(C)]：（指定长轴端点 a）

指定轴的另一个端点：（指定长轴另一端点 b）

指定另一条半轴长度或[旋转(R)]：（输入"R"）

指定绕长轴旋转的角度：（输入"45"）

命令：

结果如图 5-24 所示。

图 5-24　旋转角方式绘制椭圆示例

5.8.4　绘制椭圆弧

绘制椭圆弧应先用上面的三种方式先绘制出椭圆，然后指定起始点或起始角度和指定终点或终止角度。下面以轴端点方式举例，操作如下：

命令：（输入"绘图"→"椭圆"→"圆弧"命令）

指定椭圆弧的轴端点或[中心点(C)]：（指定点 a）

指定轴的另一个端点：（指定点 b）

指定另一条半轴长度或[旋转(R)]：（指定半轴端点 c）

指定起始角度或[参数(P)]：（输入起始角度"30"）

指定终止角度或[参数(P)/包含角度(I)]：（输入终止角度"-150"）

命令：

结果如图 5-25 所示。

图 5-25　椭圆弧示例

5.9　绘制多线

MLINE 命令可以绘制多线。多线是指两条或两条以上互相平行的直线，这些直线可以具有不同的线型和颜色。在建筑平面图上常用来绘制墙体线段。

5.9.1　多线的绘制

1．输入命令

可以执行以下命令之一：

- 菜单栏："绘图"→"多线"
- 命令行：MLINE

2．操作格式

命令：（输入命令）

当前设置：对正，比例=20.00，样式=STANDARD

指定起点或[对正(J)/比例(S)/样式(ST)]：（指定起点1）

指定下一点：（指定点2）

指定下一点或[放弃(U)]：（指定点3）

指定下一点或[闭合(C)/放弃(U)]：（指定点4）

指定下一点或[闭合(C)/放弃(U)]：（按〈Enter〉键）

命令：

结果如图5-26所示，绘制多线与绘制直线方法相同。

图5-26　绘制多线示例

3．各选项含义说明

- 对正：用于确定多线相对于输入点的偏移位置。选择该项后，系统提示：输入对正类型[上(T)/无(Z)/下(B)]〈下〉：

"上"：选择该项，多线最上面的线随输入点移动，以上点为转折点，如图5-27a所示。

"无"：选择该项，多线的中心线随输入点移动，以中点为转折点，如图5-27b所示。

"下"：选择该项，多线最下面的线随输入点移动，以下点为转折点，如图5-27c所示。

图5-27　"对正"选项示例

a) 选择"上"的效果　b) 选择"无"的效果　c) 选择"下"的效果

- 比例：用于控制多线的宽度，比例愈大则多线愈宽。
- 样式：用于定义多线的样式，可以指定一个已有的多线样式名字，将其设为当前样式。

5.9.2　设置多线样式

MLSTYLE 命令用于设置多线样式，可以在平行多线上指定单线的数量和单线特性，如单线的间距、颜色、线型图案、背景填充和端头样式。

设置多线样式的操作步骤如下：

1．打开"多线样式"对话框

在菜单栏选取"格式"→"多线样式"或执行MLSTYLE 命令，打开"多线样式"对话框，如图5-28所示。其各项功能如下。

"样式"列表框：显示已经加载的多线样式。

图5-28　"多线样式"对话框

"置为当前"按钮：在样式列表框中选择需要使用的多线样式后，单击该按钮，可以将其设置为当前样式。

"新建"按钮：该按钮可以创建新多线样式。

"修改"按钮：可以修改创建的多线样式。

"重命名"按钮：可以重命名"样式"列表中选中的多线样式名称，但不能重命名标准（STANDARD）样式。

"删除"按钮：删除"样式"列表框中的多线样式。

"加载"按钮：可以从打开的对话框中，选取多线样式（.MLN），加载到当前图形中。

"保存"按钮：可以将当前的多线样式保存为一个多线样式文件（*.mln）。

此外，当选中一种多线样式后在对话框的"说明"和"预览"区中还将显示该多线样式的说明信息和样式预览。

2．创建多线样式

在"多线样式"对话框中，单击"新建"按钮，打开"创建新的多线样式"对话框，如图 5-29 所示。

在"新样式名"文本框中输入新名称后，单击"继续"按钮。打开"新建多线样式"对话框，如图 5-30 所示。各选项的功能含义和设置方法如下。

图 5-29 "创建新的多线样式"对话框   图 5-30 "新建多线样式"对话框

① 添加说明。在"说明"文本框中可以输入多线样式的说明信息。当在"多线样式"列表中选中多线时，说明信息将显示在"说明"区域中。

② 设置封口模式。"封口"选项组用于控制多线起点和端点处的样式。可以为多线的每个端点选择一条直线或弧线，并输入角度。其中"直线"穿过整个多线的端点，"外弧"连接最外层元素的端点，"内弧"连接成对元素，如果有奇数个元素，则中心线不连接，如图 5-31 所示。

直线封口   外弧封口   内弧封口

图 5-31 多线的封口样式

③ 设置填充颜色。"填充"选项组用于设置是否填充多线的背景。可以从"填充颜色"下拉列表框中选择所需的填充颜色作为多线的背景。如果不使用填充色，则在"填充颜色"下拉列表框中选择"无"。

④ 设置转角连接线。"显示连接"复选框用于设置在多线的拐角处是否显示连接线，如图 5-32 所示。

⑤ 设置组成元素的特性。"图元"选项组可以设置多线样式的元素特性。"图元"列表框中列举

图 5-32　不显示连接与显示连接对比

了当前多线样式中各线条元素及其特性，包括线条元素的偏移量、线条颜色和线型。单击"添加"按钮可以添加一条平行线，并在"图元"列表中显示；"删除"按钮用于删除在"图元"列表中选取的某平行线；"偏移"文本框用于设置和修改"图元"列表中被选平行线的偏移量，偏移量也就是与多线对称线的距离；"颜色"下拉列表框用于设置被选取的平行线颜色；单击"线型"按钮可以打开"线型"对话框，用于设置被选取的平行线线型样式。

⑥ 完成图元特性设置后，单击"确定"按钮，返回"多线样式"对话框。

3. 修改多线样式

在多线样式对话框中单击"修改"按钮，使用打开的"修改多线样式"对话框可以修改创建的多线样式，它与"创建新多线样式"对话框中的内容完全相同。用户可以参照创建多线样式的方法对多线样式进行修改。

5.10　绘制样条曲线

SPLINE 命令用来绘制样条曲线。样条曲线是通过一系列给定点的光滑曲线，常用来表示波浪线、折断线等。

1. 输入命令

可以执行以下命令之一：

● 工具栏：～
● 菜单栏："绘图"→"样条曲线"
● 命令行：SPLINE

2. 操作格式

以图 5-33 为例。

命令：（输入命令）

指定第一个点或[对象(O)]：（指定起点 1）

指定下一个点：（指定第 2 点）

指定下一个点或[闭合(C)/拟合公差(F)]〈起点切向〉：（指定第 3 点）

指定下一个点或[闭合(C)/拟合公差(F)]〈起点切向〉：（指定第 4 点）

指定下一个点或[闭合(C)/拟合公差(F)]〈起点切向〉：（指定第 5 点）

指定下一个点或[闭合(C)/拟合公差(F)]〈起点切向〉：（指定第 6 点）

指定下一个点或[闭合(C)/拟合公差(F)]〈起点切向〉：按〈Enter〉键

　指定起点切向：按〈Enter〉键

指定终点切向：按〈Enter〉键

命令：

结果如图 5-33 所示。

图 5-33　绘制"样条曲线"示例

命令中的选项含义如下：

"对象"：用于将一条二维或三维的多段线转换（拟合）成样条曲线。

"闭合"：用于将样条曲线首尾封闭连接。选择此项后，系统提示：指定终点的切线方向。

"拟合公差"：输入曲线的偏差值，值愈大，曲线愈远离指定的点；值愈小，曲线离指定的点愈近；公差为 0 时，曲线通过指定点。

5.11　绘制云状线

REVCLOUD 命令可以绘制云状和树状线。云状线是一条多段线。下面以图 5-34 为例。

1．输入命令

可以执行以下命令之一：

● 工具栏：

● 菜单栏："绘图"→"修订云线"

● 命令行：REVCLOUD

2．操作格式

命令：（输入命令）

指定起点或[弧长(A)/对象(O)]〈对象〉：（输入"A"，选取弧长项）

指定最小弧长〈150〉：（指定最小弧长 200）

指定最大弧长〈300〉：（指定最大弧长 500）

指定起点或[对象(O)]〈对象〉：（指定起点）

沿云状线路径引导十字光标：（移动光标，云状线随机绘出）

如果光标移动至与起始点位置重合，云状线为自动封闭状态，如图 5-34a 所示。如果光标在某一位置时单击鼠标右键，云状线则为非封闭状态，并结束操作。

3．选项说明

选择"对象"项，可以将指定的图形对象转变成云状线（此选项一般只对封闭对象有效）。当对象转换成云状线后，默认时，云状线中的各圆弧一般均向外凸出，此时提示询问：是否改变云状线上圆弧的凸出方向，"NO"表示不改变，"Yes"则表示改变，即云状线上圆弧向内凸出，如图 5-34b 所示。另外，最大弧长不能大于最小弧长的 3 倍，否则操作不能进行。

图 5-34　绘制云状线示例

5.12　绘制擦除区域

WIPEOUT 命令可以创建一个区域，并用当前的绘图背景颜色擦除该区域，即不显示或不打印该区域中已有的图形对象。下面以图 5-35 为例。

图5-35　绘制擦除区域示例

a) 指定擦除区域　b) 擦除以后显示边界　c) 擦除以后不显示边界

1．输入命令

可以执行以下命令之一：

● 菜单栏："绘图"→"擦除"

● 命令行：WIPEOUT

2．操作格式

命令：（输入命令）

指定第一点或[边框(F)/多段线(P)]：〈多段线〉：（指定起点 1）

指定下一点：（指定点 2）

指定下一点或[放弃(U)]：（指定点 3）

指定下一点或[闭合(C)/放弃(U)]：按〈Enter〉键

命令：

执行结果如图 5-35 所示。

3．选项说明

"边框"：用来确定是否显示擦除区域的边界。选择该选项后，系统提示："输入模式[开(ON)/关(OFF)]："其中"ON"选项表示显示边界，如图 5-35b 所示；"OFF"选项则表示不显示边界，如图 5-35c 所示。

"多段线"：用来将指定的多段线作为擦除区域的边界而转换成擦除区域。

如果要取消擦除区域恢复原来的内容，可按照后面"删除对象"章节的内容执行。

5.13　上机练习

1．绘制舌形平面图

（1）要求

按照给出的尺寸绘制舌形平面图，如图 5-36 所示，不标注尺寸。

（2）操作步骤

① 切换到点画线图层，利用直线命令绘制中心线，如图 5-37 所示。

图 5-36　舌形平面图　　　　图 5-37　绘制舌形平面图示例

② 绘制中心孔。

命令："绘图"→"圆"→"圆心，半径"

指定圆的圆心或[三点(3P)/两点(2P)/相切、相切、半径(T)]：（利用捕捉功能，单击点画线交点）

指定圆的半径或[直径(D)]：（输入"15"）

③ 绘制 AB 圆弧。

命令："绘图"→"圆"→"圆心，起点，端点"

指定圆弧的圆心：（鼠标单击中心交点）

指定圆弧的起点：（输入"@-30，0"）

指定圆弧的端点或[角度(A)/弦长(L)]：（输入"@30，0"，结果如图 5-37 所示）

④ 绘制线段。

命令："绘图"→"直线"

指定第一点：（捕捉 A 点，单击鼠标）

指定下一点或[放弃(U)]：（输入"@0，-60"）

指定下一点或[放弃(U)]：（输入"@60，0"）

指定下一点或[闭合(C)/放弃(U)]：（输入"@0，60"）

指定下一点或[闭合(C)/放弃(U)]：按〈Enter〉键，结果如图 5-37 所示。

命令：

2．使用多段线命令绘制键形平面图

（1）要求

按照给出的尺寸绘制图 5-38 所示平面图，不标注尺寸。

76

图 5-38　键形平面图

（2）操作步骤

① 绘制 AB 线段。

命令："绘图" → "多段线"

指定起点：（单击鼠标指示 "A" 点）

指定下一个点或[圆弧(A)/半宽(H)/长度(L)/放弃(U)/宽度(W)]：（输入 "@150, 0"，）

② 绘制 BC 圆弧。

指定下一点或[圆弧(A)/闭合(C)/半宽(H)/长度(L)/放弃(U)/宽度(W)]：（输入 "a"）

指定圆弧的端点或[角度(A)/圆心(CE)/闭合(CL)/方向(D)/半宽(H)/直线(L)/半径(R)/第二个点(S)/放弃(U)/宽度(W)]：（输入 "r"）

指定圆弧的半径：（输入 "50"）

指定圆弧的端点或[角度(A)]：（输入 "a"）

指定包含角：（输入 "-180"）

指定圆弧的弦方向 <0>：（输入 "-90"）

③ 绘制 CD 线段。

指定圆弧的端点或[角度(A)/圆心(CE)/闭合(CL)/方向(D)/半宽(H)/直线(L)/半径(R)/第二个点(S)/放弃(U)/宽度(W)]：（输入 "L"）

指定下一点或[圆弧(A)/闭合(C)/半宽(H)/长度(L)/放弃(U)/宽度(W)]：（输入 "-150, 0"）

④ 绘制 DA 圆弧。

指定下一点或 [圆弧(A)/闭合(C)/半宽(H)/长度(L)/放弃(U)/宽度(W)]：（输入 "a"）

指定圆弧的端点或[角度(A)/圆心(CE)/闭合(CL)/方向(D)/半宽(H)/直线(L)/半径(R)/第二个点(S)/放弃(U)/宽度(W)]：（输入 "r"）

指定圆弧的半径：（输入 "50"）

指定圆弧的端点或 [角度(A)]：（输入 "a"）

指定包含角：（输入 "-180"）

指定圆弧的弦方向 <180>：（输入 "90"）

指定圆弧的端点或[角度(A)/圆心(CE)/闭合(CL)/方向(D)/半宽(H)/直线(L)/半径(R)/第二个点(S)/放弃(U)/宽度(W)]：按〈Enter〉键，结果如图 5-38 所示。

命令：

5.14 习题

1. 根据 5.4 节内容绘制多段线，如图 5-39 所示。
2. 根据 5.5 节内容绘制正多边形，如图 5-40 所示。

图 5-39 绘制多段线练习   图 5-40 绘制正多边形练习

3. 根据 5.6 节内容绘制矩形，并绘制矩形的倒角和圆角。
4. 根据 5.7 节内容，采用多种方法绘制圆弧。
5. 根据 5.8 节内容绘制椭圆。
6. 根据 5.9 节内容进行多线的设置和练习绘制多线。
7. 根据 5.11 节内容绘制云状线。
8. 设置点样式为"×"，按指定位置绘制几个点，练习定数等分线段与定距等分线段。
9. 绘制零件的三视图，如图 5-41 所示。
10. 绘制零件的三视图，如图 5-42 所示。

图 5-41 三视图练习示例   图 5-42 三视图练习示例

提示：三视图的基本投影规律可以利用结构线或栅格显示来确定。

第6章 编辑图形

编辑图形是指在绘图过程中对图形进行修改的操作。图形的编辑一般包括删除、复制、移动、旋转、偏移、阵列、缩放、拉伸、拉长、修剪、延伸、打断、倒角、圆角、分解等。通过 AutoCAD 提供的"修改"菜单和"修改"工具栏，分别如图 6-1 和图 6-2 所示，可以执行 AutoCAD 2007 的大部分编辑命令。

图 6-1　"修改"菜单　　　　　　　　图 6-2　"修改"工具栏

6.1　选择对象

当执行编辑命令或执行其他某些命令时，系统通常提示："选择对象:"，此时光标改变为一个小方框。

当选择了对象之后，AutoCAD 用虚像显示它们以示醒目。每次选定对象后，"选择对象:"提示会重复出现，直至按〈Enter〉键或单击鼠标右键才能结束选择。

当选择对象时，在命令行的"选择对象:"提示下输入"?"，将显示如下提示信息："需要点或窗口(W)/上一个(L)/窗交(C)/框(BOX)/全部(ALL)/栏选(F)/圈围(WP)/圈交(CP)/编组(G)/添加(A)/删除(R)/多个(M)/前一个(P)/放弃(U)/自动(AU)/单个(SI)/子对象(SU)/对象(O):"。下面介绍一些常用的选择对象方法。

1. 直接点取方法

这是默认的选择方式，当提示"选择对象"时，光标显示为小方框（即拾取框），移动光标，当光标压住所选择的对象时，单击鼠标左键，该对象变为虚线时表示被选中，并可以连续选择其他对象。

2. 全部方式

当提示"选择对象"时，输入"ALL"后按〈Enter〉键，即选中绘图区中的所有对象。

3. 窗口方式

当提示"选择对象"时，在默认状态下，用鼠标指定窗口的一个顶点，然后移动鼠标，再单击鼠标左键，确定一个矩形窗口，如图 6-3 所示，如果鼠标从左向右移动来确定矩形，则完全处在窗口内的对象被选中，如图 6-3 中的 C1；如果鼠标从右向左移动来确定矩形，则完全处在窗口内的对象和与窗口相交的对象均被选中，如图 6-3 中的 C1、L1，此方式即为"框（BOX）"。

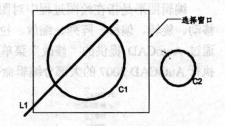

图 6-3　"窗口方式"选择对象示例

4. 窗交方式

当提示"选择对象"时，输入"C"后按〈Enter〉键，可以通过窗口方式选取对象，不管从哪一个方向拖动窗口，与窗口相交的所有对象和窗口内的对象均被选取。

5. 圈围方式

当提示"选择对象"时，输入"WP"后按〈Enter〉键，然后依次输入第一角点，第二角点……，绘制出一个不规则的多边形窗口，位于该窗口内的对象即被选中。

6. 前一个方式

当提示"选择对象"时，输入"P"后按〈Enter〉键，将选中在当前操作之前的操作中所设定好的对象。

7. 上一个方式

当提示"选择对象"时，输入"L"后按〈Enter〉键，将选中最后一次绘制的对象。

8. 栏选方式

当提示"选择对象"时，输入"F"后按〈Enter〉键，系统提示：

第一栏选点：（指定围线第一点）

指定直线的端点或[放弃(U)]:（指定一些点，形成折线）

与该折线（围线）相交的对象均被选中，如图 6-4b 所示，被选中的对象包括：R1、C1、R3。

a)　　　　　　　　　　　　　　　　　　b)

图 6-4　"栏选方式"选择对象示例

a) 围线选择对象　b) 被选对象

9. 删除方式

在已经加入到选择集的情况下，再在"选择对象"提示下，输入"R"后按〈Enter〉键，进入删除方式。

在"删除对象"提示时，可以选择删除对象，将其移出选择集。

10. 添加方式

在删除方式下输入"A"后按〈Enter〉键，然后提示"选择对象"，即返回到了添加方式。

11. 放弃方式

在提示"选择对象"时，输入"U"后按〈Enter〉键，可以取消最后的选择对象。

6.2 删除对象

该功能可以删除指定的对象。

1. 输入命令

可以执行以下命令之一：

● 工具栏：✎

● 菜单栏："修改" → "删除"

● 命令行：ERASE

2. 操作格式

命令：（输入命令）

选择对象：（选择要删除的对象）

选择对象：（按〈Enter〉键或继续选择对象）

结束删除命令。

当需要恢复被删除的对象时，可以输入"OOPS"命令，按〈Enter〉键，则最后一次被删除的对象被恢复，并且在"删除"命令执行一段时间后，仍能恢复，这和"U"命令不同。

6.3 复制对象

该功能可以复制单个或多个相同对象。

1. 输入命令

可以执行以下命令之一：

● 工具栏：⊞

● 菜单栏："修改" → "复制"

● 命令行：COPY

2. 操作格式

命令：（输入命令）

选择对象：（选择要复制的对象）

选择对象：（按〈Enter〉键或继续选择对象）

指定基点或[位移(D)]〈位移〉:（指定基点1）

指定第二点或[退出(E)/放弃(U)]〈退出〉:（指定位移点2）

指定第二点或[退出(E)/放弃(U)]〈退出〉:（指定位移点3或按〈Enter〉键）

命令:

结果如图6-5所示。当在指定基点时输入"D"后，系统提示:"指定位移〈0.0000,0.0000,0.0000〉:"，输入位移点坐标后，按位移点复制。

6.4 镜像对象

当绘制的图形对称时，可以只画其一半，然后利用镜像功能复制出另一半来。

1. 输入命令

可以执行以下命令之一:

- 工具栏: ⚐
- 菜单栏:"修改" → "镜像"
- 命令行: MIRROR

2. 操作命令

命令:（输入命令）

选择对象:（选择要镜像的对象P1）

选择对象:（按〈Enter〉键或继续选择对象）

指定镜像线的第一点:（指定对称线y的任意一点）

指定镜像线的第二点:（指定对称线y的另一点）

是否删除源对象? [是(Y)/否(N)]〈N〉:（按〈Enter〉键）

命令:

执行镜像命令，如图6-6所示。若输入"y"，则删除原对象P1，只绘制出新的对象P2。

图6-5 复制对象示例

图6-6 镜像对象示例

6.5 偏移对象

偏移对象是指将选定的线、圆、弧等对象做同心偏移复制，根据偏移距离的不同，形状不发生变化，但其大小重新计算，如图6-7a所示。对于直线可看作是平行复制，如图6-7b所示。下面以图6-7为例。

图6-7 偏移对象示例

6.5.1 指定偏移距离方式

1. 输入命令

可以执行以下命令之一：

- 工具栏：⬱
- 菜单栏："修改" → "偏移"
- 命令行：OFFSET

2. 操作格式

命令：（输入命令）

指定偏移距离或[通过(T)/删除(E)/图层(L)] 〈1.00〉：（指定偏移距离）

选择要偏移的对象或[退出(E)/放弃(U)] 〈退出〉：（选择对象 R1）

指定要偏移的那一侧上的点，或[退出(E)/多个(M)/放弃(U)] 〈退出〉：（指定偏移方位 P1）

选择要偏移的对象或[退出(E)/多个(M)/放弃(U)] 〈退出〉：（继续执行偏移命令或按〈Enter〉键退出）

执行偏移命令，如图 6-7 所示。

6.5.2 指定通过点方式

1. 输入命令

可以执行以下命令之一：

- 工具栏：⬱
- 菜单栏："修改" → "偏移"
- 命令行：OFFSET

2. 操作格式

命令：（输入命令）

指定偏移距离或[通过(T)/删除(E)/图层(L)] 〈1.00〉：（输入 T）

选择要偏移的对象或[退出(E)/放弃(U)] 〈退出〉：（选择要偏移的对象）

指定通过点或[退出(E)/多个(M)/放弃(U)]：（指定偏移对象的通过点）

选择要偏移的对象或[退出(E)/放弃(U)] 〈退出〉：（再选择要偏移的对象或按〈Enter〉键）结束偏移命令。

6.6 阵列对象

该功能可以对已选择对象进行矩形或环形方式的多重复制。

6.6.1 创建矩形阵列

1. 输入命令

可以执行以下命令之一：

- 工具栏：▦
- 菜单栏："修改" → "阵列"

● 命令行：ARRAY

2. 操作格式

输入命令之后，系统打开"阵列"对话框如图 6-8 所示。

选择"矩形阵列"选项，对话框中各项功能如下：

行：用于输入矩形阵列的行数。

列：用于输入矩形阵列的列数。

行偏移：用于输入行间距。如果输入正值，由原对象向上阵列；输入负值向下阵列。

列偏移：用于输入列间距。如果输入正值，由原对象向右阵列；输入负值向左阵列。

阵列角度：用于输入阵列的旋转角度。

可以通过单击文本框后面的"拾取点"按钮，直接在绘图区用鼠标指定两点来确定行间距、列间距和阵列的角度。

图 6-8　"阵列"对话框

"选择对象"按钮 ：用于切换绘图区并选择阵列对象。单击上行右侧的"选择对象"按钮进入绘图区，同时命令区出现提示：

选择对象：（选择要阵列的对象）

选择对象：(按〈Enter〉键结束对象选择)

预览区域：用来预览阵列效果。

"预览"按钮：用于切换到当前绘图区并显示阵列效果。同时给出"阵列"提示对话框，如图 6-9 所示。其按钮功能如下：

"接受"按钮：按当前设置阵列图形。

"修改"按钮：将返回图 6-8 所示的"阵列"对话框，可以重新修改设置。

图 6-9　"阵列"提示框

"取消"按钮：用来取消当前阵列操作。

选择对象后按图 6-8 所示进行设置，阵列结果如图 6-10b 所示。

a)　　　　　　　　　　　　　　　　b)

图 6-10　矩形阵列对象示例

a) 阵列对象　b) 阵列结果

6.6.2　创建环形阵列

若要创建环形阵列，可以在图 6-8 所示的"阵列"对话框中选择"环形阵列"选项，对话框如图 6-11 所示，其对话框的各选项功能如下：

"中心点"选项组：用于确定环形阵列的中心，可以在"X"、"Y"文本框中输入坐标值，或单击"拾取点"按钮，在绘图区内确定中心点。

"方法和值"选项组：用来确定环形阵列的具体方法和相应数据。

"方法"下拉列表：提供了确定环形阵列的三种方法。

- 项目总数和填充角度。
- 项目总数和项目间的角度。
- 填充角度和项目间的角度。

图 6-11　显示"环形阵列"选项的"阵列"对话框

"项目总数"：用于表示环形阵列的个数，其中包括原对象。

"填充角度"：用于表示环形阵列的圆心角。默认为 360°，输入正值则逆时针方向阵列。

"复制时旋转项目"复选框：用于确定是否绕基点旋转阵列对象，如图 6-12 所示，默认为旋转阵列对象。

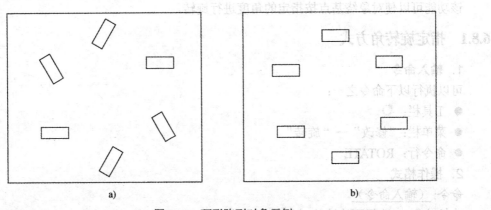

图 6-12　环形阵列对象示例

a) 复制时旋转项目　b) 复制时不旋转项目

"详细"按钮：用于表示"阵列"对话框中的附加选项。

6.7　移动对象

该功能可将对象移动到指定位置。

1. 输入命令

可以执行以下命令之一：

- 工具栏：✛
- 菜单栏："修改"→"移动"
- 命令行：MOVE

2．操作格式

命令：（输入命令）

选择对象：（选择要移动的对象）

选择对象：（按〈Enter〉键或继续选择对象）

指定基点或位移[位移(D)]〈位移〉：（指定基点 a 或位移）

此时，有两种选择：即选择基点或输入位移量。

① 选择基点：任选一点作为基点，根据提示指定的第二点，按〈Enter〉键，系统将对象沿两点所确定的位置矢量移动至新位置。此选项为默认项。图 6-13 为指定基点移动示例。

② 输入移动位置：在提示基点或位移时，输入当前对象沿 X 轴和 Y 轴的位移量，然后在"指定第二个点或〈使用第一点作为位移〉："指示时，按〈Enter〉键，系统将移动到矢量确定的新位置。

图 6-13　移动对象示例

6.8　旋转对象

该功能可以使对象绕基点按指定的角度进行旋转。

6.8.1　指定旋转角方式

1．输入命令

可以执行以下命令之一：

● 工具栏：⟳

● 菜单栏："修改"→"旋转"

● 命令行：ROTATE

2．操作格式

命令：（输入命令）

选择对象：（选择要旋转的对象）

选择对象：（按〈Enter〉键或继续选择对象）

指定基点：（指定旋转基点 P1）

指定旋转角度或[复制(C)/参照(R)]：（指定旋转角 60）

命令：

指定旋转角方式为默认项。如果直接输入旋转角度值，系统完成旋转操作。如果输入值为正，沿逆时针方向旋转；否则，沿顺时针方向旋转。当选择"C"时，旋转后，源对象保留，如图 6-14 所示。

图 6-14　旋转对象示例

6.8.2　参照方式

1．输入命令

可以执行以下命令之一：

- 工具栏：⟳
- 菜单栏："修改"→"旋转"
- 命令行：ROTATE

2. 操作格式

命令：（输入命令）

选择对象：（选择要旋转的对象）

选择对象：（按〈Enter〉键或继续选择对象）

指定基点：（指定旋转基点 P1）

指定旋转角度或[复制(C)/参照(R)]：（输入 R）

指定参照角〈0〉：（指定参考角度即原角度 80）

指定新角度或[点(P)]：（输入角度 30）

命令：

按参照方式旋转对象。执行该选项后，系统提示：输入参照方向的角度值，默认值为"0"，输入参照角度值后，系统提示："指定新角度"，输入相对于参照方向的角度值。系统完成旋转操作，实际旋转角度为新角度减去参照角度。按参照方式旋转后的结果如图 6-15 所示。

图 6-15　参照方式旋转示例

a) 旋转前　b) 旋转后

6.9　比例缩放对象

该功能可以将对象按比例进行放大或缩小。下面以图 6-16 为例。

6.9.1　指定比例因子方式缩放

1. 输入命令

可以执行以下命令之一：

- 工具栏：▦
- 菜单栏："修改"→"缩放"
- 命令行：SCALE

图 6-16　比例缩放对象示例

2. 操作格式

命令：（输入命令）

选择对象：（选择要缩放的对象 R1）

选择对象：（按〈Enter〉键或继续选择对象）

确定基点：（指定基点 P1）

指定比例因子或[复制(C)/参照(R)]〈1.00〉：（指定比例因子）

命令：

比例因子即为图形缩放的倍数。当 0 <比例因子< 1 时，缩小对象；当比例因子 >1 时，放大对象。执行后，按〈Enter〉键，系统按照输入的比例因子完成缩放操作。结果如图 6-16 所示。当选择"C"时，缩放后，源对象保留。

6.9.2 参照方式缩放

1. 输入命令：

可以执行以下命令之一：

● 工具栏：📄

● 菜单栏："修改"→"缩放"

● 命令行：SCALE

2. 操作格式

命令：（输入命令）

选择对象：（选择要缩放的对象）

选择对象：（按〈Enter〉键或继续选择对象）

确定基点：（指定基点）

指定比例因子或[复制(C)/参照(R)]〈1.00〉：（输入 R）

指定参考长度〈1〉：（指定参照长度即原对象的任一个尺寸 80）

指定新长度：（指定缩放后该尺寸的大小 100）

命令：

该选项将以参照方式缩放对象。输入"R"后，执行该选项，系统提示："指定参照长度〈1〉："，指定参考图形的原长度（任何尺寸）后，系统再提示："指定新长度："，输入新的长度（新图形对应的尺寸）后，按〈Enter〉键，系统完成缩放操作。当新的长度>原长度时，图形为放大，反之则缩小。以参照方式缩放的示例如图 6-17 所示。

图 6-17 参照方式缩放

a) 缩放前 b) 缩放后

6.10 拉伸对象

该功能可以将对象进行拉伸或移动。执行该命令必须使用窗口方式选择对象。整个对象位于窗口内时，执行结果是移动对象；当对象与选择窗口相交时，执行结果则是拉伸或压缩对象。下面以图 6-18 为例。

1. 输入命令

可以执行以下命令之一：

● 工具栏：

● 菜单栏："修改" → "拉伸"

● 命令行：STRETCH

2. 操作格式

图 6-18　拉伸对象示例

命令：（输入命令）

选择对象：（用窗口方式选择要拉伸的对象，除直线 L 外的所有对象）

选择对象：（按〈Enter〉键或继续选择对象）

指定基点或[位移(D)]〈位移〉：（指定基点 P1）

指定第二点〈使用第一个点作为位移〉：（移动鼠标指引方向并指定第二点 P2）

命令：

3. 说明

该选项只能拉伸直线、圆弧、椭圆和样条曲线等对象。

● 直线：位于窗口外的端点不动，窗口内的端点移动，直线由此改变。

● 圆弧：与直线类似，但在变形过程中弦高保持不变，由此调整圆心位置。

● 多段线：与直线或圆弧相似，但多段线两端的宽度、切线方向以及曲线拟合信息均不改变。

● 其他对象：如果定义点位于窗口内，则对象移动，否则不动。圆的定义点为圆心；块的定义点为插入点；文本的定义点为字符串的基线端点。

6.11 修剪对象

该功能可以将对象修剪到指定边界。下面以图 6-19 为例。

1. 输入命令

可以执行以下命令之一：

● 工具栏：

● 菜单栏："修改" → "修剪"

● 命令行：TRIM

2. 操作格式

命令：（输入命令）

当前设置：投影=UCS　边=无　（当前设置的信息）

选择剪切边…

选择对象或〈全部选择〉: (选择边界对象圆弧)
选择对象: (按〈Enter〉键或继续选择对象)
选择要修剪的对象，或按住〈Shift〉键选择要延伸的对象，或[栏选(F)/窗交(C)/投影(P)/边(E)/删除(R)/放弃(U)]:
命令:
系统完成操作，如图 6-19 所示。

图 6-19 修剪对象示例

a) 修剪对象前 b) 修剪对象后

3. 选项说明

命令和提示中的选项功能如下:

- "选择要修剪的对象": 该选项为默认值，选择要修剪的对象后，系统将该对象修剪到指定的边界边。
- "按住〈Shift〉键选择要延伸的对象": 按下〈Shift〉键，可以选择要延伸的对象。利用〈Shift〉键可以在修剪和延伸功能之间进行切换。如当前修剪状态下，按下〈Shift〉键选择要延伸的对象，可以使所选对象延伸。
- "栏选"、"窗交": 用于选择对象的方式。
- "投影": 用来确定执行修剪的空间。
- "边": 用来确定执行修剪的模式。如果边界的边太短，修剪对象修剪后不能与其相交，AutoCAD 会假想延伸边界边，使修剪对象修剪到与其相交位置，该模式为默认模式，如图 6-19 所示。另一种模式是根据边的实际位置进行修剪，也就是说修剪后如果不能相交，则不执行修剪，如图 6-20b 所示。

图 6-20 边界边不延伸示例

a) 修剪前 b) 修剪后

- "放弃": 取消上一次的操作。

6.12 延伸对象

该功能可以将对象延伸到指定的边界。

1. 输入命令

可以执行以下命令之一：

● 工具栏：⌐

● 菜单栏："修改" → "延伸"

● 命令行：EXTEND

2. 操作格式

命令：（输入命令）

当前设置：投影=UCS 边=无　　（当前设置的信息）

选择边界的边...

选择对象或〈全部选择〉：（选择边界对象圆弧）

选择对象：（按〈Shift〉键或继续选择对象）

选择要延伸的对象，或按住〈Shift〉键选择要修剪的对象，或[栏选(F)/窗交(C)/投影(P)/边(E)/放弃(U)]：（选择要延伸对象直线）

系统完成操作，如图 6-21 所示。其他选项含义与修剪选项含义类同，这里不再重复。

　　　　a)　　　　　　　　　　　　b)

图 6-21　延伸对象示例

a) 延伸对象前　b) 延伸对象后

6.13 打断对象

该功能可以删除对象上的某一部分或把对象分成两部分。

6.13.1 直接指定两断点

1. 输入命令

可以执行以下命令之一：

● 工具栏：▯

● 菜单栏："修改" → "打断"

● 命令行：BREAK

2．操作格式

命令：(输入命令)

选择对象：(选择对象指定打断点 1)

指定第二个打断点或[第一点(F)]：(指定打断点 2)

命令：

6.13.2　先选取对象，再指定两个断点

1．输入命令

可以执行以下命令之一：

● 工具栏：

● 菜单栏："修改"→"打断"

● 命令行：BREAK

2．操作格式

命令：(输入命令)

选择对象：(选择断开对象)

指定第二个打断点或[第一点(F)]：(输入 F)

指定第一个打断点：(指定断开点 1)

指定第二个打断点：(指定断开点 2)

命令：

结束打断操作，此方法可用于精确打断。

说明：

在该命令提示指定第二断开点时，提供三种方式来指定第二断点。

① 如果直接拾取对象上的第二点，系统将删除对象两点间的部分。

② 如果键入 @ 后按〈Enter〉键，将在第二点处断开。

③ 如果在对象的一端之外指定第二点，系统将删除对象位于第一点和第二点之间的部分。

另外在切断圆或圆弧时，由于圆和圆弧有旋转方向性，断开的部分是从打断点 1 到打断点 2 之间逆时针旋转的部分，所以指定第一点时应考虑删除段的位置，如图 6-22b、c 所示。图 6-22a 为打断对象，图 6-22b 为经 a 点至 b 点逆时针打断对象后的结果，图 6-22c 为经 a 点至 b 点顺时针打断对象后的结果。

图 6-22　打断对象示例

92

6.13.3 在选取点处打断

操作步骤如下：

命令：(单击 ▢)

选择对象：(选择对象)

指定第二个打断点或 [第一点(F)]：f （当前信息提示）

指定第一个打断点：(在对象上指定打断点)

指定第二个打断点：@ （当前信息提示）

命令：

说明：

结束命令后，在选取点被打断的对象以指定的分解点为界打断为两个实体，外观上没有任何变化，此时可以利用选择对象的夹点显示来辨识是否已打断。

6.14 合并对象

该功能可以根据需要连接某一连续图形上的两个部分，或者将某段圆弧闭合为整圆。

1. 输入命令

可以执行以下命令之一：

● 工具栏：**→←**

● 菜单栏："修改" → "合并"

● 命令行：JOIN

2. 操作格式

命令：(输入命令)

选择源对象：(选择要合并的对象)

选择圆弧，以合并到源或进行[闭合（L）]：(选择需要合并的另一部分对象)，按〈Enter〉键

命令：

图 6-23 为需要合并的对象示例，图 6-24 为合并对象后的示例。如果选择"闭合（L）"选项，则可将选择的任意一段圆弧闭合为一个整圆，如图 6-24 中的 b 所示。当选择对象时，应该注意选择的次序，这里与打断对象的方法类似，当选择方向不同时，闭合效果也不同。

| a) | b) | a) | b) |

图 6-23　合并圆弧　　　　　　　　图 6-24　圆弧合并后示例

6.15 倒角

该功能可以对两条相交直线或多段线等对象绘制倒角。

1. 输入命令

可以执行以下命令之一：

- 工具栏：▰
- 菜单栏："修改"→"倒角"
- 命令行：CHAMFER

2. 操作格式

命令：（输入命令）

（"修剪"模式）当前倒角距离 1=10.00，距离 2=10.00　（当前设置提示）

选择第一条直线或[放弃(U)/多段线(P)/距离(D)/角度(A)/修剪(T)/方式(E)/多个(M)]:（选择 1 条直线或选项）

命令中各选项功能如下：

- "选择第一条直线"：默认项。执行该选项，系统提示：选择第二条直线，且按当前倒角设置进行倒角。
- "距离"：用于指定第 1 个和第 2 个倒角距离，两倒角距离可相等，也可不相等。输入"D"，执行该选项，系统提示：

指定第一个倒角距离〈10.00〉:（指定第一个倒角距离）

指定第二个倒角距离〈10.00〉:（指定第二个倒角距离）

选择第一条直线或[放弃(U)/多段线(P)/距离(D)/角度(A)/修剪(T)/方式(E)/多个(M)]:（选择 1 条直线）

选择第二条直线，或按住〈Shift〉键选择要应用角点的直线:（选择第 2 条直线）

命令：

依次指定倒角距离和选择直线后，系统完成倒角操作，如图 6-25 所示。选择对象时可以按住〈Shift〉键，用 0 值替代当前的倒角距离。

图 6-25　指定距离方式倒角示例

- "角度"：该选项可以根据一个倒角距离和一个角度进行倒角。输入"A"，执行该选项，系统提示：

指定第一条直线的倒角长度〈10.00〉:（指定第 1 个倒角距离）

指定第二条直线的倒角角度〈0〉:（指定倒角角度）

选择第一条直线或[放弃(U)/多段线(P)/距离(D)/角度(A)/修剪(T)/方式(E)/多个(M)]:（选择第1条直线）

选择第二条直线：（选择第2条直线）

命令：

依次指定倒角距离、角度和选择直线后，系统完成倒角操作，如图6-26所示。

图6-26 指定距离、角度方式倒角示例

● "修剪"：用于确定倒角时倒角边是否剪切。

输入"T"，执行该选项，系统提示：

输入修剪模式选项[修剪(T)/不修剪(N)]〈修剪〉：（指定修剪或不修剪）

结果如图6-27所示。图6-27b为倒角修剪后情况，图6-27c为倒角不修剪的示例。

图6-27 绘制倒角示例

a) 倒角前 b) 倒角修剪 c) 倒角不修剪

● "多段线"：用于以指定的倒角距离对多段线进行倒角。此方法和矩形倒角类同，具体操作如下：

命令：（输入命令）

模式=修剪 当前倒角距离1=10.00，距离2=10.00（当前设置提示）

选择第一条直线或[放弃(U)/多段线(P)/距离(D)/角度(A)/修剪(T)/方式(E)/多个(M)]:（输入D）

指定第一个倒角距离〈10.00〉：（指定第一个倒角距离20）

指定第二个倒角距离〈10.00〉：（指定第二个倒角距离20）

选择第一条直线或[放弃(U)/多段线(P)/距离(D)/角度(A)/修剪(T)/方式(E)/多个(M)]:（输入P）

选择二维多段线：（选择多段线）

命令：

依次指定倒角距离和选择直线后，系统完成倒角操作，如图6-28所示。

图6-28 多段线的倒角示例

a) 倒角前的多段线 b) 倒角后的多段线

● "方式"：用于确定按什么方式倒角。输入"E"，执行该选项，系统提示：

输入修剪方法[距离(D)/角度(A)]：(指定距离或角度)

距离：该选项将按两条边的倒角距离设置进行倒角。

角度：该选项将按边距离和倒角角度设置进行倒角。

● "多个"：用于连续执行倒角命令。输入"M"后，可以连续倒角。

6.16 倒圆角

该功能可以为两对象作圆角。

1．输入命令

可以执行以下命令之一：

● 工具栏：

● 菜单栏："修改"→"圆角"

● 命令行：FILLET

2．操作格式

命令：(输入命令)

当前模式：模式=修剪，半径=10.00 (当前设置提示)

选择第一个对象或[放弃(U)/多段线(P)/半径(R)/修剪(T)/多个(M)]：(选择 1 个对象或选项)

命令中各选项含义如下：

● "选择第一个对象"：默认项。选择第一个对象后，系统提示：

选择第二个对象，或按住〈Shift〉键选择要应用角点的对象：(选择第二个对象)

命令：

系统按当前设置完成倒圆角操作，如图 6-29 所示。

a)   b)

图6-29 倒圆角示例

a) 倒圆角前 b) 倒圆角后

● "半径"：用于确定和改变圆角的半径。输入"R"，执行该选项，系统提示：

指定圆角半径〈10.00〉：(输入半径值)

选择第一个对象或[放弃(U)/多段线(P)/半径(R)/修剪(T)/多个(M)]：(选择第 1 个对象)

选择第二个对象：(选择第二个对象)

命令：

系统按指定圆角半径完成倒圆角操作。

● "修剪"：用于确定倒圆角时的边角是否剪切。结果如图6-30所示。

图6-30　倒圆角示例

a) 倒圆角前　b) 倒圆角修剪　c) 倒圆角不修剪

● "多段线"：选择该项将对多段线以当前设置进行倒圆角。输入"R"，执行该选项，
　系统提示：

当前设置：模式 = 修剪　半径 = 20　　（当前设置提示）

选择第一个对象或[放弃(U)/多段线(P)/半径(R)/修剪(T)/多个(M)]:（输入 P）

选择二维多段线:（选择多段线）

命令:

依次指定半径和选择对象后，系统完成倒圆角操作，如图 6-31 所示。

图 6-31　多段线的倒圆角示例

a) 倒圆角前　b) 倒圆角后

6.17　分解对象

矩形、多段线、块、尺寸、填充等操作结果均为一个整体，在编辑时，命令常常无法执
行，如果把它们分解开来，编辑操作就变得简单多了。

1．输入命令

可以执行以下命令之一：

● 工具栏：

● 菜单栏："修改"→"分解"

● 命令行：EXPLODE

2．操作格式

命令:（输入命令）

选择对象:（选择要分解的对象）

选择对象:（按〈Enter〉键或继续选择对象）

系统完成分解操作。一般分解后的对象无特殊表征，可以用选择对象的方法进行验证。
如果不能一次选择原对象整体时，即证明对象整体已被分解，如图6-32所示。

图 6-32　对象分解示例

a) 原对象　b) 对象未分解被选择　c) 对象已分解被选择

6.18　编辑多段线

该功能可以编辑多段线。

1. 输入命令

可以执行以下命令之一：

- "修改Ⅱ"工具栏： 🖉
- 菜单栏："修改"→"对象"→"多段线"
- 命令行：PEDIT

2. 操作格式

命令：（输入命令）

选择多段线或[多条(M)]:（选择要编辑的多段线）

输入选项[打开(O)/合并(J)/宽度(W)/编辑顶点(E)/拟合(F)/样条曲线(S)/非曲线化(D)/线型生成(L)/放弃(U)]:（选项）

命令：

3. 选项说明

命令中各选项功能如下：

- "选择多段线"：用于选择要编辑的多段线。如果选择了非多段线，并且该线条可以转换成多段线，则系统提示是否可以转换成多段线，输入"Y"，则将普通线条转换成多段线。
- "打开"：如果该多段线本身是闭合的，则提示为打开。选择打开，则将最后一条封闭该多段线的线条删除，形成不封口的多段线。如果选择的多段线是打开的，则提示为闭合(C)。选择了闭合，则首尾相连形成封闭的多段线。
- "合并"：用于将与多段线端点精确相连的其他直线、圆弧、多段线合并成一条多段线，该多段线必须是不封闭的。
- "宽度"：用于设置该多段线的全程宽度。
- "编辑顶点"：用于对多段线的各个顶点进行单独编辑。选择该项后，提示如下：

[下一个(N)/上一个(P)/打断(B)/插入(I)/移动(M)/重生成(R)/拉直(S)/切向(T)/宽度(W)/退出(X)]〈N〉:（选项）。各选项的功能如下：

下一个：用于选择下一个顶点。

上一个：用于选择上一个顶点。

打断：用于将多段线一分为二。

插入：用于在标记处插入一个顶点。

移动：用于移动顶点到新的位置。

重生成：用于重新生成的多段线。

拉直：用于删除所选顶点间的所有顶点，用一条直线来代替。

切向：用于在当前标记顶点处设置切向以控制曲线拟合。

宽度：用于设置每一独立的线段宽度。

退出：用于退出顶点编辑。

● "拟合"：用于产生通过各顶点，且彼此相切的光滑曲线，如图 6-33 所示。

图 6-33 多段线拟合示例

a) 多段线拟合前 b) 多段线拟合后

● "样条曲线"：用于对多段线进行样条拟合，以图 6-33a 中的多段线为例，样条拟合后如图 6-34 所示。

● "非曲线化"：用于取消拟合或样条曲线，返回直线状态。

● "线型生成"：用于控制多线段在顶点处的线型。

● "放弃"：用于取消最后的编辑。

图 6-34 多段线拟合样条曲线示例

6.19 编辑样条曲线

该功能可以编辑样条曲线。

1. 输入命令

可以执行以下命令之一：

● "修改 II" 工具栏：

● 工具栏："修改" → "对象" → "样条曲线"

● 命令行：SPLINEDIT

2. 操作格式

命令：（输入命令）

选择样条曲线：（选择要编辑的样条曲线）

输入选项[拟合数据(F)/闭合(C)/移动顶点(M)/精度(R)/反转(E)/放弃(U)]：（选项）

命令：

3. 选项说明

命令中各选项功能如下：

● "选择样条曲线"：选择需要编辑的样条曲线。被选样条曲线显示出控制点，如图 6-35 所示。

a) b)

图 6-35　样条曲线被选后的控制点显示情况

a) 样条曲线被选中前　b) 样条曲线被选中后

- "拟合数据"：用于编辑确定样条位置的控制点，选择该项后提示："输入拟合数据选项[添加(A)/闭合(C)/删除(D)/移动(M)/清理(P)/相切(T)/公差(L)/退出(X)]"。
- "闭合"：用于控制是否封闭样条曲线。
- "移动顶点"：用于重新定位控制点。选择该项后提示："指定新位置或[下一个(N)/上一个(P)/选择点(S)/退出(X)]〈退出〉:"。
- "精度"：用于设置样条曲线的精度。选择该项后提示："输入精度选项[添加控制点(A)/提高阶数(E)/权值(W)/退出(X)]〈退出〉:"，其中各选项功能如下：

"添加控制点"：用于增加控制点。

"提高阶数"：提高阶数可以增加样条曲线的控制点，如图 6-36 所示，升阶后不可以降阶。

a) b)

图 6-36　样条曲线提高阶数的示例

a) 阶数为 6 时的控制点显示　b) 阶数为 8 时的控制点显示

"权值"：用于改变控制点的权值。权值的大小控制样条曲线和控制点的距离，可以改变样条曲线的形状。

"退出"：用于退出精度设置，返回控制点编辑状态。

- "反转"：用于改变样条曲线方向，即起点和终点互换。
- "放弃"：用于取消最后一次修改操作。
- "退出"：用于结束当前编辑样条曲线的操作命令。

6.20　编辑多线

该功能可以控制多线之间相交时的连接方式。

1. 输入命令

可以执行以下命令之一：

- 菜单栏："修改"→"对象"→"多线"
- 命令行：MLEDIT

2. 操作格式

命令:（输入命令）

系统打开:"多线编辑工具"对话框,如图6-37所示。

选择图标后,返回到绘图区,系统提示:

选择第一条多线:（选择第一条多线）

选择第二条多线或放弃（U）:（选择第二条多线）

选择第一条多线或放弃（U）:(继续选择或按〈Enter〉键)

多线编辑结果如图6-38所示。

"多线编辑工具"对话框中的各图标选项功能如下:

- 十字闭合 图标:由两条线相交形成一个封闭的十字交叉口,第一条多线在交叉点处被第二条多线断开,第二条多线保持原状,结果如图6-38所示。

图6-37 "多线编辑工具"对话框

- 十字打开 图标:由两条多线相交形成一个开放的十字交叉口。第一条多线在交点处全部断开,第二条多线的外边线被第一条多线断开,其内部的线保持原状。编辑结果如图6-39所示。

图6-38 十字闭合多线编辑示例

a) 编辑前 b) 编辑后

图6-39 十字打开多线编辑示例

a) 编辑前 b) 编辑后

- 十字合并 图标:由两条多线相交形成一个汇合的十字交叉口。两条多线的外边直线在交点处断开,其内部的线保持原状。
- T 形闭合 图标:由两条多线相交形成一个封闭的 T 形交叉口。第一条直线在交点处全部断开,第二条多线保持原状。编辑结果如图6-40所示。
- T 形打开 图标:由两条多线相交形成一个开放的 T 形交叉口。第一条直线在交点处全部断开,第二条多线外边线被断开,其内部的线保持原状。编辑结果如图6-41所示。

图6-40 T形闭合多线编辑示例

a) 编辑前 b) 编辑后

图6-41 T形打开多线编辑示例

a) 编辑前 b) 编辑后

- T 形合并 图标：由两条多线相交形成一个汇合的 T 形交叉口。两条线除最里边的线保持原状外，其余各条线断开。
- 角点结合 ⌐ 图标：由两条多线相交成一个角连接。编辑结果如图 6-42 所示。
- 添加顶点 ⫞ 图标：增加一个顶点。
- 删除顶点 ⫞ 图标：删除一个顶点。
- 单个剪切 ⫞ 图标：断开多线中的一条线。编辑结果如图 6-43 所示。

| a) | b) | a) | b) |

图 6-42　角点结合多线编辑示例　　　　　　图 6-43　单个剪切多线编辑示例

a) 编辑前　b) 编辑后　　　　　　　　　　　　a) 编辑前　b) 编辑后

- 全部剪切 ⫞ 图标：断开全部多线。选择图标后，单击"确定"按钮，系统提示：

选择多线：（选择第一条多线，指定断开的第一点）

选择第二个点：（指定断开的第二个点）

选择多线或放弃（U）：（继续选择或按〈Enter〉键）

多线编辑结果如图 6-44 所示。

| a) | b) |

图 6-44　全部剪切多线编辑示例

a) 编辑前　b) 编辑后

- 全部结合 ⫞ 图标：连接全部多线。

6.21　使用夹点功能编辑对象

在没有执行任何命令的情况下，用鼠标选择对象后，这些对象上出现若干个蓝色小方格，这些小方格称为对象的特征点，如图 6-45 所示。夹点可以看作是对象的特征点。使用 AotuCAD 2007 的夹点功能，可以方便地对字体和图形进行拉伸、移动、旋转、缩放以及镜像等编辑操作。

图 6-45　显示对象夹点的示例

6.21.1 夹点功能的设置

1. 输入命令

可以执行以下命令之一：

- 菜单栏："工具"→"选项"→"选择"选项卡
- 命令行：DDGRIPS

执行此命令后，打开显示"选择"选项卡的"选项"对话框，如图 6-46 所示。

图 6-46 显示"选择"选项卡的"选项"对话框

2. 选项说明

"选择"选项卡的选项功能如下：

"夹点大小"栏：用于调整特征点的大小。

"未选中夹点颜色"下拉列表框：用于设置未选中的特征点方格的颜色。

"选中夹点颜色"下拉列表框：用于设置选中的特征点方格的颜色。

"悬停夹点颜色"下拉列表框：用于未选中特征点时，鼠标停在特征点方格时的颜色显示。

"启用夹点"复选框：用于打开夹点功能。

"在块中启用夹点"复选框：用于确定块的特征显示方式。

"启用夹点提示"复选框：用于当光标位于特征点时，是否出现提示特征点类型的说明。

"选择预览"栏：用于当拾取框光标滚动过对象时，亮显对象。其中，可以选择仅当某个命令处于活动状态时并显示"选择对象"提示时，显示选择预览；或在未输入任何命令时，也可显示选择预览。单击"视觉效果设置"按钮，打开如图 6-47 所示的"视觉效果设置"对话框。

图 6-47 "视觉效果设置"对话框

设置完成后，单击"确定"按钮。

6.21.2　用夹点拉伸对象

用夹点拉伸对象的操作步骤如下：

① 选取要拉伸的对象，如图 6-48a 所示。

② 在对象中选择夹点，此时夹点随鼠标的移动而移动，如图 6-48b 所示。

系统提示：

拉伸

指定拉伸点或[基点(B)/复制(C)/放弃(U)/退出(X)]：

各选项的功能如下：

"指定拉伸点"：用于指定拉伸的目标点。

"基点"：用于指定拉伸的基点。

"复制"：用于在拉伸对象的同时复制对象。

"放弃"：用于取消上次的操作。

"退出"：退出夹点拉伸对象的操作。

③ 移动到目标位置时，单击鼠标左键，即可把夹点拉伸到需要位置，如图 6-48c 所示。

图 6-48　夹点拉伸对象示例

6.21.3　用夹点移动对象

用夹点移动对象的操作步骤如下：

① 选取移动对象。

② 指定一个夹点作为基点，如图 6-49a 所示。

系统提示："拉伸"（按〈Enter〉键）

系统提示："移动"

指定移动点或[基点(B)/复制(C)/放弃(U)/退出(X)]：（指定移动点或选项）

③ 指定目标位置后，完成用夹点移动对象，结果如图 6-49b 所示。

图6-49　夹点移动对象示例

6.21.4 用夹点旋转对象

用夹点旋转对象的操作步骤如下：
① 选取要旋转的对象。
② 指定一个夹点作为基点。
系统提示：拉伸（按〈Enter〉键）
系统提示：移动（按〈Enter〉键）
系统提示：旋转
指定旋转角度或[基点(B)/复制(C)/放弃(U)/参照(R)/退出(X)]：
③ 在命令行输入旋转角度，完成用夹点旋转对象。

6.21.5 用夹点缩放对象

用相对夹点来缩放对象，同时还可以进行多次复制。其操作步骤如下：
① 选取要缩放对象。
② 指定一个夹点作为基点。
系统提示：拉伸（按〈Enter〉键）
系统提示：移动（按〈Enter〉键）
系统提示：旋转（按〈Enter〉键）
系统提示：缩放
指定比例因子或[基点(B)/复制(C)/放弃(U)/参照(R)/退出(X)]：
③ 在命令行输入缩放比例后，按〈Enter〉键。系统完成用夹点缩放对象。

6.21.6 用夹点镜像对象

用夹点镜像对象的操作步骤如下：
① 选取要镜像的对象。
② 指定一个夹点作为基点。
系统提示：拉伸（按〈Enter〉键）
系统提示：移动（按〈Enter〉键）
系统提示：旋转（按〈Enter〉键）
系统提示：缩放（按〈Enter〉键）
系统提示：镜像
指定第二点或[基点(B)/复制(C)/放弃(U)/退出(X)]：
③ 指定第二点（基点为第一点）后，对象沿两点所确定的直线完成镜像。

6.22 上机练习

1. 绘制菱形平面图
（1）要求
绘制如图 6-50 所示的菱形平面图。

图 6-50 菱形平面图

（2）操作步骤

可以参照图 6-51 所示的步骤进行绘制。

图 6-51 菱形平面图绘制步骤示意图

① 首先在细实线图层绘制一个三角形。

② 对三角形的斜边进行偏移。

③ 以三角形的短边为修剪边界，对偏移的斜边进行修剪。

④ 利用特性工具栏对四条斜边进行相应的线型修改。

⑤ 对四分之一三角形进行镜像编辑。

⑥ 对二分之一三角形进行镜像编辑。

⑦ 完成图形绘制，如图 6-50 所示。

2．绘制铣刀图形

（1）要求

绘制如图 6-52 所示的铣刀图形。

（2）操作步骤

① 如图 6-53 所示，首先绘制 4 个同心圆和中心孔键槽，利用旋转命令复制出如图 6-53 所示的射线。

图 6-52 铣刀图形   图 6-53 绘制铣刀图形练习的提示 1

② 使用捕捉命令和直线命令，绘制两个大圆与射线交点的连线，如图 6-54 所示。

③ 删除外圆。

④ 使用修剪命令，修剪射线，如图 6-55 所示。

图 6-54　绘制铣刀图形练习的提示 2　　　图 6-55　绘制铣刀图形练习的提示 3

⑤ 删除内切圆，完成图形绘制，如图 6-52 所示。

6.23　习题

1．熟练掌握常用的编辑命令是提高绘图速度和准确绘图的关键。对本章节的编辑命令应反复练习。对复制、镜像、偏移、阵列、移动、旋转、比例、拉伸、修剪、延伸、打断、倒角、分解等节中的例题要多做几遍。

2．绘制图 6-56 所示的端盖平面图形。

提示：利用捕捉和栅格功能绘制 4 个同心圆，再绘制 1 个正六边形，然后使用阵列命令绘制其余正六边形。

图 6-56　绘制端盖图形练习示例

3．绘制如图 6-57 所示的轴承座图样，不标注尺寸。

图 6-57　轴承座三视图图样

提示：如图 6-58 所示，首先根据总体尺寸利用结构线进行布局，然后绘制主视图。主视图可以画出一半，另一半图形利用镜像命令绘制出来。根据结构线对其左视图和俯视图进行定位，逐个画出。另外要注意的是，各种线型一定要画在相应图层上。初学时虽感到麻烦，但在以后绘制复杂图形时便于编辑，对以后保证图样规范和提高绘图速度都很有帮助。

图 6-58　轴承座三视图布局示例

"重命名"按钮：用于更改已有文字样式的名称。从"样式名"下拉列表框中选择要重
命名的文字样式，单击"重命名"按钮，打开"重命名"对话框，在文本框中输入新名称，
即可修改。

"删除"按钮：用于删除已有文字样式。从"样式名"下拉列表框中选择要删除的文字
样式，单击"删除"按钮，即可删除该样式。

（2）"字体"选项组

该选项组用于确定字体。"字体名"下拉列表框用于选择字体。"字体样式"下拉列表

第7章 文字与表格

每一张工程图除了表达对象形状的图形，还需要必要的文字注释，例如标题栏、明细表、技术要求等都需要填写文字。AutoCAD 2007 具有很好的文字处理功能，它可使图中的文字符合各种制图标准，并且可以自动生成各类数据表格。

7.1 设置文字样式

图样的文字样式既应符合国家制图标准的要求，又需根据实际情况来设置文字的大小、方向等。

1. 输入命令

可以执行以下命令之一：

- 工具栏： 𝒜
- 菜单栏："格式"→"文字样式"
- 命令行：STYLE

2. 操作格式

命令：（输入命令）

执行命令后，系统打开"文字样式"对话框，如图 7-1 所示。

3. 选项说明

对话框中各选项的功能如下：

（1）"样式名"选项组

该选项组用于设置当前样式、建立文字样式、更改已有的文字样式的名称或删除已有文字样式。

"样式名"下拉列表框：用于显示当前图形中所有文字样式的名称。"Standard"为默认文字样式。

"新建"按钮：用于创建新的文字样式。单击"新建"按钮，打开"新建文字样式"对话框，如图 7-2 所示。用户可以在"样式名"文本框中输入新的样式名。单击"确定"按钮，即可创建新的文字样式名。

图 7-1 "文字样式"对话框

图 7-2 "新建文字样式"对话框

"重命名"按钮：用于更改当前文字样式的名称。从"样式名"下拉列表框中选择要更名的文字样式，然后单击"重命名"按钮，可以打开"重命名"文字样式对话框，改名后单击"确定"按钮。

"删除"按钮：用于删除在列表框中被选中的文字样式。

（2）"字体"选项组

该选项组用于确定字体以及相应的格式、高度等。

"字体名"下拉列表框：用于显示当前所有可选的字体名。

"字体样式"下拉列表框：用于显示指定字体的样式。

"高度"文本框：用于设置字体高度。如果这里设置字体高度后，使用"单行文字"(DTEXT)命令标注文字时，用户将不能再设置字体的高度。

"使用大字体"复选框：对于.shx字体有效，可以使该选项的名称变为大字体。

（3）"效果"选项组

该选项组用于确定字体的某些特征。

"颠倒"复选框：用于确定字体上下颠倒，如图7-3b所示。

"反向"复选框：用于确定字体反向排列，如图7-3c所示。

"垂直"复选框：用于确定字体垂直排列。

"宽度比例"文本框：用于确定字体宽度与高度的比值。

"倾斜角度"文本框：用于设置字体的倾斜角度。角度为正值时，字体向右倾斜，如图7-3d所示；角度为负值时，字体向左倾斜，如图7-3e所示。

图7-3　文字"效果"示例
a) 正常　b) 颠倒　c) 反向　d) 正倾斜　e) 反倾斜

（4）"预览"选项组

该选项组用于预览所选文字样式的标注效果。

（5）"应用"按钮

用于确定用户对文字样式的设置。

7.2　标注单行文字

该功能可以标注单行的文字，用来创建比较简短的文字对象。

1. 输入命令

可以执行以下命令之一：

- "字体"工具栏：**AI**
- 菜单栏："绘图"→"文字"→"单行文字"
- 命令行：DTEXT

2. 操作格式

命令：（输入命令）

当前文字样式：Standard　当前文字高度：0.000　（显示当前文字样式和高度）

指定文字的起点或[对正(J)/样式(S)]：（指定文字的起点或选项）

指定高度<0.000>：（指定文字高度）

指定文字的旋转角度<0>：（指定文字的旋转角度值）

输入文字：（输入文字内容）

输入文字：（输入文字内容或按〈Enter〉键）

命令：

3. 选项说明

命令中各选项的功能如下：

- "指定文字的起点"：用于指定文字标注的起点，并默认为左对齐方式。
- "对正"：指定文字的对齐方式。在命令行输入"J"，按〈Enter〉键后，系统提示："输入选项[对齐(A)/调整(F)/中心(C)/中间(M)/右(R)/左上(TL)/中上(TC)/右上(TR)/左中(ML)/正中(MC)/右中(MR)/左下(BL)/中下(BC)/右下(BR)]："命令中选项含义如下：

"对齐"：用于指定输入文字基线的起点和终点，使文字的高度和宽度可自动调整，使文字均匀分布在两点之间。输入"A"，字高设置为"25"，文字显示结果如图7-4所示。

工程制图文字对齐方式

图7-4　文字"对齐"方式示例

"调整"：用于指定输入文字基线起点和终点，文字高度保持不变，使输入的文字宽度自由调整，均匀分布在两点之间。输入"F"，字高设置为"25"，文字显示结果如图 7-5所示。

工程制图文字调整方式

图7-5　文字"对齐"方式示例

"中心"：用于指定文字行基线的中点，输入字体高度和旋转角度。

"中间"：用于指定一点，把该点作为文字中心和高度中心，输入字体高度和旋转角度。

"右"：用于将文字右对齐，指定文字行基线的终点，输入字体高度和旋转角度。

"左上"：用于指定文字行顶线的起点，如图7-6所示。

"中上"：用于指定文字行顶线的中点，如图7-6所示。

"右上"：用于指定文字行顶线的终点，如图7-6所示。

"左中"：用于指定文字行中线的起点，如图 7-6 所示。

"正中"：用于指定文字行中线的中点，如图 7-6 所示。

"右中"：用于指定文字行中线的终点，如图 7-6 所示。

"左下"：用于指定文字行底线的起点，如图 7-6 所示。

"中下"：用于指定文字行底线的中点，如图 7-6 所示。

"右下"：用于指定文字行底线的终点，如图 7-6 所示。

图 7-6　"对正"选项的部分示例

- "样式"：用于确定已定义的文字样式作为当前文字样式。

7.3　标注多行文字

该功能可以注写多行文字。多行文字又叫段落文字，常用来创建较为复杂的文字说明，如图样的技术要求等。

1．输入命令

可以执行以下命令之一：

- 工具栏：**A**
- 菜单栏："绘图" → "文字" → "多行文字"
- 命令行：MTEXT

2．操作格式

命令：（输入命令）

当前文字样式：**Standard** 当前文字高度 0.000　（显示当前文字标注样式和高度，鼠标呈 ^+abc 状）

指定第一角度：（指定多行文字框的第一角点位置）

指定对角点或[高度(H)/对正(J)/行距(L)/旋转(R)/样式(S)/宽度(W)]：（指定对角点或选项）

命令提示中各选项功能如下：

- "指定对角点"：此为默认项，用于确定对角点。对角点可通过拖动鼠标来确定。两对角点形成的矩形框作为文字行的宽度，以第一个角点作为矩形框的起点，并打开"多行文字编辑器"，如图 7-7 所示。
- "高度"：用于确定文字的高度。
- "对正"：用于设置标注多行文字的排列对齐形式。
- "行距"：用于设置多行文字的行间距。
- "旋转"：用于设置多行文字的旋转角度。

图7-7 "多行文字编辑器"对话框

- "样式": 用于设置多行文字样式。
- "宽度": 用于指定多行文字的行宽度。输入"W"后, 打开"多行文字编辑器"对话框, 如图7-7所示, 可以直接用鼠标拖动标尺来改变宽度。

3. 多行文字编辑器

AutoCAD 2007使用的"多行文字编辑器"由"文字格式"工具栏和文字输入窗口组成。如图7-7所示。下面自左向右介绍各选项的功能和含义。

- "文字样式"下拉列表框: 列出了当前已有文字样式。选择字体后, 可从列表中选择样式, 来设置文字样式。
- "字体"下拉列表框: 用于设置或改变字体。
- "字高"下拉列表框: 用于指定字体高度。
- "粗体"按钮: 用于确定字体是否以粗体形式标注, (只对 TTF 字体有效)。
- "斜体"按钮: 用于确定字体是否以斜体形式标注, (只对 TTF 字体有效)。
- "下划线"按钮: 用于确定字体是否加下划线标注, (只对 TTF 字体有效)。
- "取消"按钮: 用于取消上一个操作。
- "重做"按钮: 用于恢复所做的取消。
- "堆叠"按钮: 用于确定字体是否以堆叠形式标注。利用"/"、"^"、"#"符号, 可以用不同的方式表示分数。在分子、分母中间输入"/"符号可以得到一个标准分式; 在分子、分母中间输入"#"符号, 则可以得到一个被"/"分开的分式; 在分子、分母中间输入"^"可以得到左对正的公差值。操作方法是从右向左选取字体对象, 单击"堆叠"按钮即可, 如图7-8所示。

abcd/efgh
1234#5678
abcd^efgh

abcd
efgh
1234/5678
abcd
efgh

a)   b)

图7-8 堆叠形式标注示例
a)"堆叠"前 b)"堆叠"后

- "颜色"下拉列表框: 用于设置文字的颜色。

另外还有"确定"按钮, 用于完成文字输入和编辑后, 结束操作命令。

7.4 编辑文字

在绘图过程中，如果文字标注不符合要求，可以通过编辑文字命令进行修改。

7.4.1 文字的编辑

1. 改变单行文字

该功能可以利用"编辑文字"对话框对已注写的文字进行编辑。

（1）输入命令

可以执行以下命令之一：

● 菜单栏："修改"→"对象"→"文字"→"编辑"

● 命令行：DDEDIT

（2）操作格式

命令:（输入命令）

选择注释对象或[放弃(U)]:（选择注释对象）

选择的文字对象如果是用单行文字(DTEXT)命令标注的，系统直接在文字附近打开文字编辑框，如图 7-9 所示，并在文字编辑框中显示出所选文字，进行修改后，按〈Enter〉键结束编辑。

AutoCAD 2007

图 7-9 文字编辑框

单行文字的"编辑"命令可以改变内容，但不能改变文字的字高和对正方式。如果需要改变字高和对正方式，操作如下。

2. 改变单行文字高度

命令:（在菜单栏选择："修改"→"对象"→"文字"→"比例"命令）

选择对象:（选择注释对象）

选择对象:（按〈Enter〉键）

输入缩放的基点选项[现有(E)/左(L)/中心(C)/中间(M)/右(R)/左上(TL)/中上(TC)/右上(TR)/左中(ML)/正中(MC)/右中(MR)/左下(BL)/中下(BC)/右下(BR)]〈现有〉:选项或按〈Enter〉键

指定新高度或[匹配对象(M)/缩放比例(S)]〈10〉:（输入字体新高度）

命令:

执行命令后，改变字体高度。

3. 改变单行文字的行宽

命令:（在菜单栏选择："修改"→"对象"→"文字"→"对正"命令）

选择对象:（选择注释对象）

选择对象:（按〈Enter〉键）

输入对正选项[左(L)/对齐(A)/调整(F)/中心(C)/中间(M)/右(R)/左上(TL)/中上(TC)/右上(TR)/左中(ML)/正中(MC)/右中(MR)/左下(BL)/中下(BC)/右下(BR)]〈现有〉: 选项或按〈Enter〉键

命令:

执行命令后，改变字体的"对正"方式。

4．编辑多行文字

命令: （输入命令）

选择注释对象或[放弃(U)]: （选择注释对象）

选择的文字对象应该是用多行文字（MTEXT）命令标注的，系统打开如图 7-10 所示的"多行文字编辑器"，并在对话框中显示所选文字。"多行文字编辑器"可以对多行文字的内容和文字格式进行修改，包括字型、字高和颜色等，进行修改后，单击"确定"按钮结束编辑命令。

图 7-10　多行文字编辑器

7.4.2　查找与替换文字

该功能可以查找与替换指定的文字。

1．输入命令

可以执行以下命令之一:

● "文字"工具栏: 🔍

● 菜单栏: "编辑"→"查找"

● 命令行: FIND

2．操作格式

命令: （输入命令）

系统打开"查找和替换"对话框，如图 7-11 所示。

3．选项说明

对话框中各选项功能如下:

● "查找字符串"文字框: 用于输入要查找的字符串，也可以从下拉列表框中选择。

● "搜索范围"下拉列表框: 用于确定查找范围，可以通过下拉列表框在"整个图形"和"当前选择"之间选择，也可以通过单击右边的"选择"按钮从屏幕上直接拾取文字对象来确定搜索范围。

● "改为"文本框: 用于输入替换的新字符对象，也可以通过下拉列表选择。单击"选项"按钮，打开"查找和替换选项"对话框，如图 7-12 所示，可以确定查找与替换的范围。

图 7-11 "查找和替换"对话框　　　　图 7-12 "查找和替换选项"对话框

- "查找"按钮：用于开始查找文字对象，并可连续在查找范围内查找。
- "替换"按钮：用于替换当前查到的文字。
- "全部改为"按钮：用于对查找范围内的所有符合条件的字符串进行替换。
- "全部选择"按钮：同于查找并选中查找范围内含有符合条件的字符串。
- "缩放为"按钮：用于在绘图区显示含有所查对象的文字区域。
- "搜索结果"标签框：用于显示执行后，所查找到的对象。

当查找和替换完成后，可单击"关闭"按钮，结束操作。

7.4.3 文字的快速显示

QTEXT 命令可以控制文字的快速显示方式。当图样中有大量文字时，会影响到一些命令的操作速度。此时可以使用 QTEXT 命令，以矩形框来表示相应的文字长度、高度以及所在位置，但不显示内容，以便加速图样的重新生成。

操作步骤如下：

命令：（QTEXT）

输入模式[开(ON)/关(OFF)] 〈开〉：（按〈Enter〉键）

在"视图"菜单中选择"重生成"命令。

执行命令后，图样重新生成，文字显示如图 7-13b 所示。当再次输入 QTEXT 命令时，输入"OFF"，执行"视图"→"重生成"命令，则返回快速显示之前。

AutoCAD 2007
工程图文字标注

a)　　　　　　　　　　　　　　　b)

图 7-13 文字快速显示的示例

a) 快速显示之前 b) 快速显示

7.4.4 特殊字符的输入

在实际绘图时，常常需要标注一些特殊字符。下面介绍一些特殊字符在 AutoCAD 2007 中的应用，如表 7-1 和图 7-14 所示。

表 7-1　特殊字符的表达方法

符　　号	功 能 说 明
%%O	上划线
%%U	下划线
%%D	度（°）
%%P	正负公差（±）符号
%%C	直径符号
%%%	百分比(%)符号
%%nnn	标注与 ASCII 码 nnn 对应的符号

abc%%Odef%%Oghi　　　　　　abcdefghi
abc%%Udefghi　　　　　　　　abcdefghi
60%%D,%%P　　　　　　　　　60°，±
%%C80,85%%%　　　　　　　　Ø80,85%

a)　　　　　　　　　　　　　　b)

图7-14　特殊字符标注示例

a) 输入特殊符号　b) 结束命令后

说明：

① %%O 和%%U 分别是上划线和下划线的开关，第一次输入符号为打开，第二次输入符号为关闭。

② 以"%%"号引导的特殊字符只有在输入命令结束后才会转换过来。

③ "%%"号单独使用没有意义，系统将删除它以及后面的所有字符。

7.5　表格

表格是在行和列中包含数据的对象。创建表格对象时，首先创建一个空表格，然后在表格的单元中添加内容。AutoCAD 2007 提高了创建和编辑表格的功能，可以自动生成各类数据表格。用户可以直接引用软件默认的格式制作表格，也可以自定义表格样式。

7.5.1　创建表格

1. 输入命令

可以执行以下命令之一：

● 工具栏：▦

● 菜单栏："绘图"→"表格"

● 命令行：TABLE

2. 操作格式

① 命令：（输入命令）

② 执行命令后，打开"插入表格"对话框，如图 7-15 所示。

图 7-15 "插入表格"对话框

"插入表格"对话框中的各选项功能如下:

"表格样式名称"下拉列表框:用来选择系统提供或用户已经创建好的表格样式,单击其后的按钮 [...],可以在打开的对话框中对所选表格样式进行修改。

"指定插入点"单选按钮:选择该选项,可以在绘图区中的某点插入固定大小的表格。

"指定窗口"单选按钮:选择该选项,可以在绘图区中通过拖动表格边框来创建任意大小的表格。

"列和行设置"选项组:可以改变"列"、"列宽"、"数据行"和"行高"文本框中的数值,来调整表格的外观大小。

③ 根据需要设置对话框后,单击"确定"按钮,关闭对话框,返回绘图区。

④ 指定插入点。拖动表格至合适位置后,单击鼠标,完成表格创建。

7.5.2 自定义表格样式

用户可以根据需要自定义表格样式,其步骤如下:

① 输入命令:"格式"→"表格样式"

执行命令后,打开"表格样式"对话框,如图 7-16 所示。

② 单击对话框"新建"按钮,打开"创建新的表格样式"对话框,如图 7-17 所示。

图 7-16 "表格样式"对话框   图 7-17 "创建新的表格样式"对话框

③ 在"新样式名"文本框中输入样式名称,例如"图表-02"。单击"继续"按钮,打开"新建表格样式:图表-02"对话框,如图 7-18 所示。

"新建表格样式:图表-02"对话框的"数据"选项卡中,有"单元特性"、"边框特性"、

118

"基本"、"单元边距"等选项组。

"单元特性"选项组：用于设置数据行的文字样式、高度、颜色、填充颜色、对齐方式等。

"边框特性"选项组：用于设置表格边框格式、表格线宽、表格颜色等。

"基本"选项组：用于确定表格创建方向。

"单元边距"选项组：用于设置单元的水平和垂直边距。

④ 根据需要设置对话框后，单击"确定"按钮，关闭对话框，完成创建表格样式。

⑤ 输入命令："格式"→"表格样式"，执行命令后，打开"表格样式"对话框，在"样式"文本框中显示"图表-02"样式名，如图 7-19 所示。

图 7-18 "新建表格样式：图表-02"对话框

图 7-19 "表格样式"对话框

7.5.3 编辑表格

1. 使用夹点编辑表格

使用夹点功能可以快速修改表格，如图 7-20 所示，其步骤如下：

① 单击表格线以选中该表格，显示夹点。

② 单击以下夹点之一：

"左上"夹点：用于移动表格

"左下"夹点：用于修改表格高并按比例修改所有行。

"右上"夹点：用于修改表格宽并按比例修改所有列。

"右下"夹点：用于同时修改表格高和表格宽并按比例修改行和列。

图 7-20 夹点示意图

"列夹点"（在列标题行的顶部）。用于修改列的宽度，并加宽或缩小表格以适应此修改。

"Ctrl +列夹点"。加宽或缩小相邻列而不改变被选表格宽。

最小列宽是单个字符的宽度。空白表格的最小行高是文字的高度加上单元边距。

③ 按〈Esc〉键可以取消选择。

2. 使用夹点修改表格中单元

使用夹点修改表格中单元的步骤如下：

① 使用以下方法之一选择一个或多个要修改的表格单元：

● 在单元内单击鼠标。

● 选中一个表格单元后，按住〈Shift〉键并在另一个单元内单击，可以同时选中这两个单元以及它们之间的所有单元。

● 在选定单元内单击，拖动到要选择的单元区域，然后释放鼠标。

② 要修改选定表格单元的行高，可以拖动顶部或底部的夹点，如图 7-21 所示。如果选中多个单元，每行的行高将做同样的修改。

③ 如果要修改选定单元的列宽，可以拖动左侧或右侧的夹点如图 7-22 所示。如果选中多个单元，每列的列宽将做同样的修改。

图 7-21　改变单元行高的示例　　　　　图 7-22　改变单元列宽的示例

④ 如果要合并选定的单元，如图 7-23 所示，单击鼠标右键，打开相应的快捷菜单，选择"合并单元"命令即可。如果选择了多个行或列中的单元，可以按行或按列合并。

a)　　　　　　　　　　　　　　b)

图7-23　"合并单元"示例

a) 选定多个单元　b) 合并多个单元

⑤ 按〈Esc〉键可以删除选择。

3．使用快捷菜单编辑表格

在选中单元格时，单击鼠标右键，打开快捷菜单，可以在表格中添加列或行。其操作步骤如下：

① 在要添加列或行的表格单元内单击鼠标右键，打开快捷菜单，如图 7-24 所示。

② 可以选择以下选项之一，在多个单元内添加多个列或行。

"插入列"→"右"：在选定单元的右侧插入列。

"插入列"→"左"：在选定单元的左侧插入列。

"插入行"→"上方"：在选定单元的上方插入行。

"插入行"→"下方"：在选定单元的下方插入行。

③ 按〈Esc〉键可以取消选择。

图 7-24　添加行或列的快捷菜单

7.6 上机练习

1. 创建文字注释的文字样式
（1）要求

创建样式名为"图样文字"的文字样式。

（2）操作步骤

"图样文字"文字样式用于在工程图中注写符合国家技术制图标准规定的汉字（长仿宋体、直体），创建步骤如下：

① 在菜单栏选择"格式"→"文字样式"命令或输入文字样式（STYLE）命令，打开"文字样式"对话框，如图 7-25 所示。

② 单击"新建"按钮，打开"新建文字样式"对话框，如图 7-26 所示，输入"图样文字"文字样式名，单击"确定"按钮，返回"文字样式"对话框。

图 7-25　"图样文字"文字样式创建示例　　　图 7-26　"图样文字"样式名创建示例

③ 在"字体名"下拉列表框中选择"T 仿宋_GB2312"字体；在"高度"文本框中输入"0.00"；在"宽度比例"文本框中输入"0.8"，其他选项使用默认值。

④ 单击"应用"按钮，完成创建。

⑤ 单击"关闭"按钮，退出"文字样式"对话框，结束命令。

2. 创建尺寸标注的文字样式
（1）要求

创建样式名为"图样尺寸"的文字样式。

（2）操作步骤

"图样尺寸"文字样式用于绘制工程图的数字与字母。该文字样式使所注尺寸中的数字和图中的其他数字与字母符合国家技术制图标准（ISO 字体、一般用斜体），创建步骤为：

① 在菜单栏选择"格式"→"文字样式"命令或输入文字样式（STYLE）命令，打开"文字样式"对话框，如图 7-27 所示。

② 单击"新建"按钮，弹出"新建文字样式"对话框，输入"图样尺寸"文字样式名，单击"确定"按钮，返回"文字样式"对话框。

③ 在"字体名"下拉列表框中选择"isocp.shx"字体，在"宽度比例"文本框中输入"1"，在"倾斜角度"文本框中输入"15"，其他选项使用默认值。

图 7-27　"图样尺寸"文字样式创建示例

④ 单击"应用"按钮，完成创建。

⑤ 单击"关闭"按钮，退出"文字样式"对话框，结束命令。

3. 创建表格

（1）要求

创建如图 7-28 所示的表格。

（2）操作步骤

① 输入命令："绘图"→"表格"。

② 打开"插入表格"对话框，在列表框中选择一个表格样式（或单击 ⬚⬚⬚ 按钮创建一个新的表格样式）。

③ 选择插入方法：指定插入点法。

④ 设置列数和列宽：分别输入"5"和"60"。

⑤ 设置行数和行高：分别输入"4"和"4"。设置如图 7-29 所示。

直齿圆柱齿轮参数表（mm）				
	模数	齿宽	孔径	键宽
齿轮1	4	24	24	6
齿轮2	4	24	20	6

图 7-28　创建零件参数表格

图 7-29　"插入表格"对话框设置示例

如果使用"指定窗口"插入方法，列数或列宽可以选择，但是不能同时选择两者；行数由用户指定的窗口尺寸和行高决定。

⑥ 单击"确定"按钮，在绘图区内移动到适当位置后，单击鼠标指定插入点，完成创建表格，此时表格最上面的一行（第一个单元）处于文字输入状态，如图 7-30 所示。

4．在表格中输入和编辑文字

① 如图 7-30 所示，在打开的"文字格式"工具栏的"字体"列表框中选择"仿宋"字体，字高指定"15"。表格单元中的文字样式由当前表格样式中指定的文字样式控制。

图 7-30　创建表格示例

② 输入文字时，单元的行高会自动加大以适应输入文字的行数。要移动到下一个单元时，可以按〈Tab〉键或使用"方向键"向左、右、上和下移动。

③ 分别选择表格第 3、4 行单元格中的文字并单击鼠标右键，在打开的菜单中选择"对正"→"正中"命令，设置文字为居中对齐。

④ 单击"文字格式"工具栏的"确定"按钮，完成创建表格文字，如图 7-28 所示。

⑤ 如果需要重新填写表格或编辑文字时，可以选中文字所在的单元格，单击鼠标右键，在快捷菜单中选取"编辑单元文字"选项，即可对其修改。

7.7　习题

1．根据 7.1 节内容，创建一个样式名为"图样文字"的文字样式。

2．根据 7.1 节内容，创建一个样式名为"图样尺寸"的文字样式。

3．运用"单行文字"和"多行文字"命令书写文字。

4．练习输入 R50、Φ80、60°、100±0.025 等文字。

5．练习输入堆叠字符，参见 7.3 节内容。

6．填写标题栏，如图 7-31 所示。

提示：

① 标题栏中的零件名称"齿轮"字高为"10"。

② 标题栏中的单位名称"黄河水利机械厂"字高为"10"。

③ 比例"1:1"的字高为"3.5"。

④ 其余字高为"5"。

⑤ 字体在填写过程中，可能偏移不到位，利用夹点功能可以比较方便地移动字体。

7．注写"技术要求"，如图 7-32 所示。

齿轮	比例	1:1
	数量	
制图	黄河水利机械厂	
校核		

技术要求

调质处理220～260HB

图7-31 填写文字练习　　　　　　　图7-32 填写技术要求练习

提示：

① 技术要求的标题字高为"10"。

② 技术要求的内容字高为"7"。

③ 技术要求的内容还可以加注"未注圆角R3～5"。

8. 练习创建表格。

第8章　创建与使用图块

将一个或多个单一的实体对象整合为一个对象，这个对象就是图块。图块中的各实体可以具有各自的图层、线性、颜色等特征。在应用时，图块作为一个独立的、完整的对象进行操作，可以根据需要按一定比例和角度将图块插入到需要的位置。

插入的图块只能保存图快的特征性参数，而不保存图块中的每一实体的特征参数。因此，在绘制相对复杂的图形时，使用图块可以节省磁盘空间。若需要在图中多处重复插入图块时，绘图效率提高得愈加明显，如果对当前图块进行修改或重新定义，则图中的所有该图块均会自动修改，从而节省了时间。

8.1　创建图块

图块分内部图块和外部图块两种类型，下面分别介绍其创建方法。

8.1.1　创建内部图块

内部图块是指创建的图块保存在定义该图块的图形中，只能在当前图形中应用，而不能插入到其他图形中。

1. 输入命令

可以执行以下命令之一：

- 工具栏：🖼
- 菜单栏："绘图"→"块"→"创建"
- 命令行：BLOCK

2. 操作格式

命令：（输入命令）

打开"块定义"对话框，如图8-1所示。

图8-1　"块定义"对话框

3. 对话框选项说明

- "名称"文本框：用于输入新建图块的名称。
- "基点"选项组：用于设置该图块插入基点的 X、Y、Z 坐标。
- "对象"选项组：用于选择要创建图块的实体对象。

"选择对象"按钮🖼：用于在绘图区选择对象。

"快速选择"按钮🖼：用于在打开的"快捷选择"对话框中选择对象。

"保留"单选钮：用于创建图块后保留原对象。

"转换为块"单选钮：用于创建图块后，原对象转换为图块。

"删除"单选钮：用于创建图块后，删除原对象。

- "块单位"下拉列表框：用于设置创建图块的单位。

- "说明"文本框：用于输入图块的简要说明。
- "超链接"按钮：用于打开"插入超链接"对话框，在该对话框中可以插入超链接文档。

最后单击"确定"按钮，完成创建图块的操作。

4. 创建内部图块示例

下面以绘制图 8-2 为例，其操作步骤如下：

① 单击 🔲 按钮，打开"块定义"对话框。

② 在"名称"文本框输入"粗糙度符号"名称。

图 8-2　创建内部图块的图形

③ 单击"基点"选项组中"拾取点"图标，在绘图区指定基点。

命令行提示：

指定插入点：（在图上指定图块的插入点）

指定插入点后，返回"块定义"对话框。也可在该按钮下边的"X"、"Y"、"Z"文本框中输入坐标值来指定插入点。

④ 单击"对象"选项组中"拾取点"图标，在绘图区指定对象。

命令行提示：

选择对象：（选择要定义为块的对象）

选择对象：（按〈Enter〉键）

选择对象后，返回"块定义"对话框，单击"确定"按钮，完成创建图块的操作。

8.1.2　创建外部图块

外部图块与内部图块的区别是，创建的外部图块作为独立文件保存，可以插入到任何图形中去，并可以对图块进行打开和编辑。

1. 输入命令

命令行：WBLOCK

2. 操作格式

命令：（输入命令）

打开"写块"对话框，如图 8-3 所示。

3. 对话框选项说明

- "源"选项组：用于确定图块定义范围。

"块"单选项：用于在左边的下拉表框中选择已保存的图像。

"整个图形"单选项钮：用于将当前整个图形确定为图块。

图 8-3　"写块"对话框

"对象"单选钮：用于选择要定义为块的实体对象。

- "基点"选项组和"对象"选项组的含义与创建内部图块中的选项含义相同。
- "目标"选项组：用于指定保存图块文件的名称和路径，也可以单击 🔲 按钮，打开"浏览图形文件"对话框，指定名称和路径。

"插入单位"文本框：用于设置图块的单位。

8.2 插入图块

插入图块的操作如下。

1. 输入命令

可以执行以下命令之一：

- 工具栏：
- 菜单栏："插入" → "块"
- 命令行：INSERT

2. 操作格式

命令：（输入命令）

打开"插入"对话框，如图 8-4 所示。

图 8-4 "插入"对话框

3. 选项说明

"插入"对话框中各选项功能如下：

- "名称"下拉列表框：用于输入或选择已有的图块名称。也可以单击"浏览"按钮，在打开的"选择图形文件"对话框中选择需要的外部图块。
- "插入点"选项组：用于确定图块的插入点。可以直接在 X、Y、Z 文本框中输入点的坐标，也可以通过选中"在屏幕上指定"复选框，在绘图区内指定插入点。
- "缩放比例"选项组：用于确定图块的插入比例。可以直接在 X、Y、Z 文本框中输入块在三个方向的坐标，也可以通过选中"在屏幕上指定"复选框，在绘图区内指定。如果选中"统一比例"复选框，三个方向的比例相同，只需要输入 X 方向的比例即可。
- "旋转"选项组：用于确定图块插入的旋转角度，可以直接在"角度"文本框中输入角度值，也可以选中"在屏幕上指定"复选框，在绘图区上指定。
- "分解"复选框：用于确定是否把插入的图块分解为各自独立的对象。

单击"确定"按钮，完成插入图块的操作。

8.3 编辑图块

1. 编辑内部图块

图块作为一个整体可以被复制、移动、删除，但是不能直接对它进行编辑。要想编辑图块中的某一部分，首先将图块分解成若干实体对象，再对其进行修改，最后重新定义。操作步骤如下：

① 从"修改"菜单选择"修改" → "分解"。

② 选取需要的图块。

③ 编辑图块。

④ 从菜单栏选取"绘图" → "块" → "创建"命令。

⑤ 在"块"定义对话框中重新定义块的名称。

⑥ 单击"确定"按钮，结束编辑操作。

执行结果是在当前图形中所有插入的该图块都自动修改为新图块。

2. 编辑外部图块

外部图块是一个独立的图形文件，可以使用"打开"命令将其打开，修改后再保存即可。

8.4 设置图块属性

属性就像附在商品上面的标签一样，包含有该产品的各种信息，图块属性是从属于图块的非图形信息，即图块中的文本对象，它是图块的一个组成部分，与图块构成一个整体。在插入图块时用户可以根据提示，输入属性定义的值，从而快捷地使用图块。

8.4.1 定义图块属性

1. 输入命令

可以执行以下命令之一：

图 8-5 "属性定义"对话框

- 菜单栏："绘图" → "块" → "定义属性"
- 命令行：ATTDEF

2. 操作格式

命令：（输入命令）

打开"属性定义"对话框，如图 8-5 所示。

3. 对话框选项说明

- "模式"选项组：用于设置属性模式。

"不可见"复选框：用于确定属性值在绘图区是否可见。

"固定"复选框：用于确定属性值是否是常量。

"验证"复选框：用于在插入属性图块时，提示用户核对输入的属性值是否正确。

"预置"复选框：用于设置属性值，在以后的属性图块插入过程中，不再提示用户属性值，而是自动地填写预设属性值。

- "属性"选项组：用于输入属性定义的数据。

"标记"文本框：用于输入所定义属性的标志。

"提示"文本框：用于输入插入属性图块时需要提示的信息。

"值"文本框：用于输入图块属性的值。

- "插入点"选项组：用于确定属性文本排列在图块中的位置。可以直接在输入点插入点的坐标值，也可以选中"在屏幕上指定"复选框，在绘图区指定。
- "文字选项"选项组：用于设置属性文本对齐方式以及样式等特性。

"对正"下拉列表框：用于选择文字的对齐方式。

"文字样式"下拉列表框：用于选择字体样式。

"高度"按钮：用于在绘图区指定文字的高度，也可以在右侧的文本框中输入高度值。

"旋转"按钮：用于在绘图区指定文字的旋转角度，也可以在右侧的文本框中输入旋转角度值。

- "在上一个属性定义下对齐"复选框：用于确定该属性采用上一个属性的字体、字高以及倾斜度，且另起一行，与上一属性对齐。
- "锁定块中的位置"复选框：用于锁定属性定义在块中的位置。

8.4.2 插入已定义属性的图块

1. 输入命令

可以执行以下命令之一:

- 工具栏:
- 命令行: INSERT

2. 操作格式

命令: (输入命令)

打开"插入"对话框,如图 8-4 所示,在"名称"下拉列表框中选择相应的图块名。

单击"确定"按钮,关闭"插入"对话框。系统提示:

指定插入点或[比例(S)/X/Y/Z/旋转(R)/预览比例(PS)/PX/PY/PZ 预览旋转(PR)]:(指定图块插入点)

输入"图块"编号(a1):(输入需要的图块编号)

系统完成插入属性图块操作。

8.4.3 编辑图块属性

DDEDIT 命令可以修改图块定义的属性名、提示内容及默认属性值。

1. 输入命令

可以执行以下命令之一:

- 菜单栏:"修改"→"对象"→"属性"→"单个"
- "修理II"工具栏:
- 命令行: DDEDIT

2. 操作格式

命令: (输入命令)

选择注释对象或[放弃(U)]:(选择要编辑的图块对象)

打开"增强属性编辑器"对话框,如图 8-6 所示。该对话框有三个选项卡:"属性"、"文字选项"、"特性"。

- "属性"选项卡:"属性"选项卡的列表框显示了图块中的每个属性的"标记"、"提示"和"值"。在列表框中选择某一属性后,在"值"文本框中将显示出该属性对应的属性值,用户可以通过它来修改属性值。
- "文字选项"选项卡:"文字选项"选项卡用于修改属性文字的格式,该选项卡如图 8-7 所示。

图 8-6 "增强属性编辑器"对话框

图 8-7 "文字选项"选项卡

"文字选项"选项卡中的各选项功能如下：

"文字样式"文本框：用于设置文字的样式。

"对正"文本框：用于设置文字的对齐方式。

"高度"文本框：用于设置文字的高度。

"旋转"文本框：用于设置文字的旋转角度。

"反向"复选框：用于确定在文字行是否反向显示。

"颠倒"复选框：用于确定文字是否上下颠倒
显示。

"宽度比例"文本框：用于设置文字的宽度系数。

"倾斜角度"文本框：用于设置文字的倾斜角度。

● "特性"选项卡："特性"选项卡用于修改属
性文字的图层，以及它的线宽、线型、颜色
及打印样式等，该选项卡如图 8-8 所示。

图 8-8   "特性"选项卡

在"增强属性编辑器"对话框中，除上述 3 个选
项卡外，还有"选择块"和"应用"等按钮。其中"选择块"按钮，可以切换到绘图区并选
择要编辑的图块对象；单击"应用"按钮，可以确认已进行的修改。

单击"确定"按钮，系统再次提示：

选择注释对象或[放弃(U)]:（按〈Enter〉键，结束命令）

8.5 上机练习

1．创建外部图块

（1）要求

以图 8-9 为例，创建外部图块。

（2）操作步骤

① 输入命令：WBLOCK，打开"块定义"对话框。

② 在"源"选项组中选择"对象"选项钮，再单击

图 8-9 创建外部图块的图形

"选择对象"按钮进入绘图区。

命令行提示：

选择对象:（选择要定义为块的对象）

选择对象:（按〈Enter〉键）

选择对象后，返回"写块"对话框。

③ 在"文件名和路径"文本框中输入要创建的图块名称和存放路径。

④ 单击"基点"选项组中的"拾取点"按钮，进入绘图区。

命令行提示：

指定插入基点:（指定图块上的插入点）

指定插入点后，返回"写块"对话框，也可在该按钮下边的"X"、"Y"、"Z"文本框中
输入坐标值来指定插入点。

单击"确定"按钮，完成创建外部图块的操作。

2．插入图块

（1）要求

将图 8-2 所示的图块插入图中。

（2）操作步骤

① 单击 按钮，打开"插入"对话框。

② 在"名称"下拉列表框选择"粗糙度符号"名称。

③ 在"插入点"选项中选取"在屏幕上指定"复选框，单击"确定"按钮。

④ 移动鼠标在绘图区内指定插入点，完成图块插入的操作，如图 8-10 所示。

3．定义图块属性

（1）要求

图 8-10　插入图块示例

执行 ATTDEF 命令，将图 8-11 所示图形定义为带属性的图块。

（2）操作步骤

① 在命令行输入"ATTDEF"命令并按〈Enter〉键，打开"属性定义"对话框。

② 在"标记"文本框中输入"螺栓编号"；在"提示"文本框中输入"输入螺栓编号"；在"值"文本框中输入默认值，如"a1"。

③ 选中"在屏幕上指定"复选框，在绘图区确定属性的插入点。

④ 在"对正"下拉列表框中选择"中间"项；在"文字样式"下拉列表框中选择"工程图中的汉字"；在"高度"按钮右侧的文本框中输入"5"，设置后的对话框如图 8-12 所示。

图 8-11　螺栓图形　　　　　　　图 8-12　设置后的"属性定义"对话框示例

⑤ 单击"确定"按钮，完成定义图块属性的操作，结果如图 8-13 所示。

⑥ 单击工具栏中 图标，执行 BLOCK 命令，打开"块定义"对话框。

⑦ 在"名称"框中输入块名"螺栓"。

⑧ 单击"选择对象"按钮，选择定义的属性及对象，按〈Enter〉键。

⑨ 单击"确定"按钮，打开"编辑属性"对话框，如图 8-14 所示。

⑩ 单击"确定"按钮，完成图块属性的定义。

图 8-13 定义图块属性结果示例

图 8-14 "编辑属性"对话框

8.6 习题

1. 绘制图 8-15 所示的"粗糙度"符号图形和"形位公差基准"符号图形，根据 8.1.1
节内容创建内部图块，并练习插入内部图块。

图 8-15 粗糙度符号和形位公差基准符号—图块练习

提示：绘制粗糙度符号图形时，可以使用"正多边形"命令绘制出正三角形，再利用"延
伸"命令将右侧斜边的长度延伸百分之百，完成图形绘制。

2. 绘制图 8-16 所示的螺栓图形，根据 8.1.2 节内容创建外部图块，并练习插入外部
图块。

图 8-16 螺栓图形—图块练习

第9章 图案填充和对象特性编辑

绘制工程图，常常需要将某种图案填充到某一区域，例如剖面线的绘制。AutoCAD 2007提供了丰富的填充图案，可以利用这些图案进行快速填充。本章主要介绍图案填充的创建和编辑。

9.1 创建图案填充

创建图案填充就是设置填充的图案、样式、比例等参数。首先应创建一个区域边界，这个区域边界必须是封闭的。

9.1.1 设置图案填充

设置图案填充的操作如下：

1. 输入命令

可以执行以下命令之一：

● 工具栏：[图标]
● 菜单栏："绘图"→"图案填充"
● 命令行：BHATCH

2. 操作格式

命令：（输入命令）

打开"图案填充和渐变色"对话框，如图9-1所示。

3. 对话框选项说明

该对话框有"图案填充"和"渐变色"两个选项卡。

"图案填充"选项卡用于进行与填充图案相关的设置，如图9-1所示，各选项含义如下。

"类型"下拉列表框：用于确定填充图案的类型。其中"预定义"选项用于指定系统提供的填充图案；"用户定义"选项用于选择用户已定义的填充图案；"自定义"选项用于选择用户临时定义的填充图案。

"图案"下拉列表框：用于确定系统提供的填充图案，也可以单击右侧的[...]按钮，打开"填充图案选项板"对话框，如图9-2所示。其中有"ANSI"、"ISO"、"其他预定义"和"自定义"选项卡，用户进行选择后，单击"确定"按钮，返回"图案填充和渐变色"对话框。

"自定义图案"下拉列表框：当填充类型选择为"自定义"时，此列表框可以使用，或单击右侧[...]按钮，打开的对话框与图9-2类似。

"角度"下拉列表框：用于指定填充图案相对当前 UCS 坐标系统的 X 轴的角度。角度的默认设置为"0"。图9-3为金属剖面线的"角度"设置示例。

图 9-1 "图案填充和渐变色"对话框　　　　图 9-2 "填充图案选项板"对话框

a)　　　　　　　　　　　　b)

图 9-3 填充图案"角度"设置示例

a) 角度为 0 时　b) 角度为 45 时

"比例"下拉列表框：用于指定填充图案的比例参数。默认设置为"1"，可以根据需要进行放大或缩小。图 9-4 为金属剖面线的"比例"设置示例。

a)　　　　　　　　　　　　b)

图 9-4 填充图案"比例"设置示例

a) 比例为 2 时　b) 比例为 4 时

"双向"复选框：用于在原来的图案上再画出第二组相互垂直的交叉图线。该项只有在"类型"下拉列表框中选择为"用户定义"时可以使用。图 9-5 为"双向"复选框设置示例。

a)　　　　　　　　　　　　b)

图 9-5 "双向"复选框设置示例

a) "双向"复选框打开时　b) "双向"复选框关闭时

"相对图纸空间"复选框：用于在布局中打开"边界图案填充"对话框时选择该项，进行比例设置。

"间距"文本框：用于指定用户定义图案中的线条间距。

"ISO 笔宽"下拉列表框：用于设置"ISO"预定义图案时笔的宽度。

"图案填充原点"选项组中，可以设置图案填充原点的位置，因为许多图案填充需要对齐填充边界上的某一个点。

"使用当前原点"单选钮：用于使当前 UCS 的原点（0,0）作为图案填充原点。

"指定的原点"单选钮：用于通过指定点作为图案填充原点。其中，单击"单击以设置新原点"按钮，可以从绘图窗口中选择某一点作为图案填充原点；选择"默认为边界范围"复选框，可以以填充边界的左下角、右下角、右上角、左上角或圆心作为图案填充原点；选择"存储为默认原点"复选框，可以将指定的点存储为默认的图案填充原点。

"边界"选项组中的各项功能如下：

"拾取点"按钮 ⬛：以拾取点的方式确定填充区域的边界。单击 ⬛ 按钮，切换到绘图区，用鼠标指定要填充的封闭区域内部点，则被选封闭区域以虚线显示，按〈Enter〉键返回对话框。如果所选区域边界为不封闭时，系统提示信息，如图 9-6 所示。所以所选区域边界应由各图形对象组成包围该点的封闭区域。

"选择对象"按钮 ⬛：以选取对象方式确定填充区域的边界。其操作方法与拾取零点方法类似。此方法虽然可以用于所选对象组成不封闭的区域边界，但在不封闭处会发生填充断裂或不均匀现象，如图 9-7 所示。

图 9-6　"边界定义错误"对话框　　　图 9-7　"选择对象"方式边界不封闭的填充结果

"删除边界"按钮 ⬛：用于取消系统自动计算或用户指定的边界。

"重新创建边界"按钮 ⬛：用于重新创建图案填充边界。

"查看选择集"按钮 🔍：用于显示当前所定义的填充边界。单击该按钮，切换到绘图窗口，已定义的填充边界将亮显。

其他选项功能如下：

"关联"复选框：选中该复选框，图案填充对象与填充边界对象关联，也就是对已填充的图形做修改时，填充图案随边界的变化而自动填充，如图 9-8b 所示。否则图案填充对象和填充边界对象不关联，即对已填充的图形做修改时，填充图案不随边界修改而变化，如图 9-8c 所示。

"创建独立的图案填充"复选框：用于创建独立的图案填充。

"绘图次序"下拉列表框：用于指定图案填充的绘图顺序，图案填充可以放在图案填充边界及所有其他对象之后或之前。

a)   b)   c)

图 9-8 "关联"设置示例

a) 拉伸前   b) 选中"关联"的拉伸结果   c) 未选"关联"的拉伸结果

"继承特性"按钮 ![icon]：用于选择图上已填充的图案作为当前填充图案。

"预览"按钮：用于预览图案的填充效果。

预览图案填充后，可以按〈Esc〉键返回对话框，单击"确定"按钮结束图案填充设置。

9.1.2　设置孤岛和边界

在进行图案填充时，通常对于填充区域内部的封闭边界称为孤岛。单击"图案填充和渐变色"对话框右下角的 ⊙ 按钮，将显示更多选项，可以对孤岛和边界进行设置，如图 9-9 所示。

图 9-9　设置孤岛和边界的"图案填充和渐变色"对话框

各选项的功能如下：

"孤岛"选项组：其中包括"孤岛检测"复选框和三种"孤岛显示样式"单选钮。

"孤岛检测"复选框：用于指定在最外层边界内填充对象的方法，包括以下三种样式。

"普通"样式：从最外边界向里面填充线，遇到与之相交的内部边界时，断开填充线，在遇到下一个内部边界时，再继续画填充线，如图 9-10a 所示。

"外部"样式：从最外边界向里面绘制填充线，遇到与之相交的内部边界时断开填充线，并不再继续往里面绘制，如图 9-10b 所示。

"忽略"样式：忽略所有孤岛，所有内部结构都被填充覆盖，如图 9-10c 所示。

a)   b)   c)

图 9-10   "孤岛显示样式"设置示例

a)"普通"样式   b)"外部"样式   c)"忽略"样式

"保留边界"复选框：用于确定是否保留边界对象。

"对象类型"下拉列表框：用于指定新建边界对象的类型。

"边界集"下拉列表框：用于指定边界对象的范围。

"新建"按钮：用于选择创建边界集的对象。

"允许的间隙"选项组：通过"公差"文本框设置允许的间隙大小。在该参数范围内，可以将一个几乎封闭的区域看作是一个闭合的填充边界。默认值为"0"时，对象是完全封闭的区域。

"继承选项"选项组：用于确定在使用继承属性创建图案填充时，图案填充原点的位置可以是当前原点或源图案填充的原点。

9.1.3   使用渐变色填充图形

使用"图案填充和渐变色"对话框的"渐变色"选项卡，可以创建单色或双色渐变色进行图案填充，如图 9-11 所示。其中的各选项功能如下：

"单色"单选钮：用于确定一种颜色填充。

"双色"单选钮：用于确定两种颜色填充。

单击右侧 按钮，打开"选择颜色"对话框，用来选择填充颜色。

图 9-11   "渐变色"选项卡

当用一种颜色填充时，利用"双色"单选钮下边的滑块，可以调整所填充颜色的浓淡度。当以两种颜色填充时，"双色"单选钮下边的滑块改变为与其上面相同的颜色框与按钮，用于调整另一种颜色。

"渐变图案"预览窗口：显示当前设置的渐变色效果，9 个图像按钮显示 9 种效果。

"居中"复选框：用于确定颜色于中心渐变，否则颜色呈不对称渐变。

"角度"下拉列表框：用于确定以渐变色方式填充颜色时的旋转角度。

9.2   编辑填充图案

该功能用于编辑已有的填充图案。

1. 输入命令

可以执行以下命令之一：

● "修改Ⅱ"工具栏：

● 菜单栏："修改"→"对象"→"图案填充"

● 命令行：HATCHEDIT

2. 操作格式

命令：（输入命令）

选择关联填充对象：（选择已有的填充图案）

选择对象后，并打开"图案填充编辑"对话框，如图 9-12 所示。该对话框中各选项含义与"图案填充和渐变色"对话框相同。

图 9-12   "图案填充编辑"对话框

9.3   使用对象特性编辑

该功能不仅可以修改对象的属性，同时也可以查询对象的属性。

9.3.1   使用对象特性

1. 输入命令

可以执行以下命令之一：

● 工具栏：

● 菜单栏："修改"→"特性"或"工具"→"选项板"→"特性"

● 命令行：PROPERTIES

2. 操作格式

命令：（输入命令）

打开"特性"对话框，如图 9-13 所示。

3. 选项说明

（1）"基本"选项组

该选项组用于设置所有图形对象具有的共同属性，包括颜色、图层、线型、打印样式、线宽、厚度等。

（2）"几何图形"选项组

该选项组用于设置所选图形对象的几何顶点、标高、面积和长度等特性。

（3）"其他"选项组

该选项组用于设置图形是处于关闭还是打开状态。

在"特性"窗口中单击"快速选择"按钮，打开"快速选择"对话框，如图 9-14 所示，对话框中各选项功能如下：

"应用到"下拉列表框：用于选择所设置的特性要应用到的对象范围，如"当前选择"或"整个图形"。

图9-13 "特性"对话框

图9-14 "快速选择"对话框

"对象类型"下拉列表框：用于选择应用到的对象。

"特性"列表框：用于选择要修改的特性。

"运算符"下拉列表框：其中包括"等于"、"不等于"、"大于"、"小于"、"全部选择"等选项。

"等于"：表示选取满足"值"所对应的对象。

"不等于"：表示选取不符合"值"所对应的对象。

"大于"：表示选取大于"值"所对应的对象。

"小于"：表示选取小于"值"所对应的对象。

"全部选择"：表示选取所有满足"值"所对应的对象。

9.3.2 对象特性编辑方法

输入命令后，AutoCAD 2007打开"特性"对话框。打开对话框后，在"命令"状态下，选择所要修改的对象（对象特征点上出现蓝色小方框即为选中）。选中后，"特性"对话框中将显示所选中对象的有关特性。用"特性"对话框修改对象的特性，一般可归纳为以下两种情况。

1. 修改数值选项

修改数值选项有两种方法：

① 用"拾取点"方式修改。如图9-15所示，单击需修改的选项行，该行最后会立即显示一个"拾取点"按钮 ，单击该按钮，即可在绘图区中用拖动的方法给出所选直线的起点或终点的新位置，确定后即修改。

② 用"输入新值"方式修改。如图9-16所示，单击需修改的选项行，再单击其数值，选中后输入新值代替原有的值，按〈Enter〉键确定后即修改。

可继续选项对该对象进行修改。若要结束对该对象的修改，应按〈Esc〉键，然后可再选择其他对象进行修改或单击"特性"对话框左上角 按钮，关闭该对话框结束命令。

说明：

在"特性"对话框"基本"选项区显示的"线型比例"数值是该对象的"当前对象缩放

比例"，当某条（或某些）虚线或点画线的长短间隔不合适或不在线段处相交时，可单击"线型比例"选项行，用上述输入新值的方法修改它们的当前线型比例值（绘制工程图一般只在0.6～1.3 之间调整），直至虚线或点画线的长短间隔合适或在线段处相交。

图 9-15 用"拾取点"方式修改数值选项　　　图 9-16 用"输入新值"方式修改数值选项

2. 修改有下拉列表框的选项

修改有下拉列表框的选项如图 9-17 所示，其修改方法是：

① 单击需要修改的选项行，该行最后会立即显示下拉列表按钮 ▼。

② 单击下拉列表按钮打开下拉列表，图 9-17 所示为"颜色"下拉列表。

③ 从下拉列表中选取所需选项即可修改。

④ 可继续选项对该对象进行修改，或按〈Esc〉键结束对该对象的修改。

⑤ 选择其他对象同上操作进行修改，或单击"特性"对话框左上角的 ⊠ 按钮，关闭该对话框结束命令。

说明：

AutoCAD 2007 的"特性"对话框具有自动隐藏功能。设置自动隐藏的方法是：单击"特性"对话框标题栏上的"自动隐藏"按钮 ◀▌，使之变成 ▌▶ 形状，即激活了自动隐藏功能。此时当光标移至对话框之外时，只显示"特性"对话框标题栏；当光标移至对话框标题栏上时，"特性"对话框自动展开。这样就可以节约很大一部分绘图区面积，使绘图更方便。

图 9-17 用"特性"对话框
修改直线的颜色示例

若要取消自动隐藏功能，应再单击"自动隐藏"按钮 ▌▶ ，使之恢复 ◀▌ 形状。

9.4　上机练习

1. 创建图案填充示例

（1）要求

下面以图 9-18 为例填充金属剖面线。

（2）操作步骤

① 单击工具栏中"填充" 🔧 按钮，打开"图案填充和渐变色"对话框，如图 9-19 所示。

② "类型"设置为"预定义"；"图案"设置为"ANSI 31"；"角度"设置为"0"；"比例"设置为"1"，设置如图 9-19 所示。

③ 单击"拾取点" 🔳 按钮。在绘图区的封闭框中选择（单击）内部点，按〈Enter〉键，返回对话框。

④ 预览设置效果。单击"预览"按钮，进入绘图状态，显示图案填充结果。预览后按〈Enter〉键，返回"图案填充和渐变色"对话框。若剖面线间距值不合适，可修改"缩放比例"值，修改后再预览，直至满意。

⑤ 单击"确定"按钮，系统完成图案填充，如图 9-18 所示。

2. 绘制齿轮图形中的剖面线

（1）要求

绘制图 9-20 所示图形中的剖面线。

图 9-18　金属剖面线填充示例

图 9-19　"图案填充和渐变色"对话框设置示例

图 9-20　画剖面线实例

a) 填充之前　b) 填充之后

141

（2）操作步骤

① 输入命令。在工具栏上单击"图案填充"图标，打开"图案填充和渐变色"对话框，如图9-1所示。

② 选择剖面线类型。在图案类型区，先在下拉列表框中选择"预定义"，再单击"图案"下拉列表框后面的按钮，在所弹出的"填充图案选项板"对话框中选择所需剖面线，单击"确定"按钮返回到"图案填充和渐变色"对话框。

③ 设置剖面线缩放比例和角度。在"图案填充和渐变色"对话框中设"缩放比例"为"22"，角度为"0"。

④ 设置剖面线边界。单击"拾取点"按钮，进入绘图状态，在图9-20所示"1"、"2"两区域内各点取一点，点选后剖面线边界呈虚像显示，然后按〈Enter〉键返回"图案填充和渐变色"对话框。

⑤ 预览设置效果。单击"预览"按钮，进入绘图状态，显示绘制剖面线结果。预览后按〈Enter〉键，返回"图案填充和渐变色"对话框。若剖面线间距值不合适，可修改"缩放比例"值，修改后再预览，直至满意。

⑥ 绘出剖面线。预览结果满意后，单击"确定"按钮将结束该命令，绘出剖面线。

说明：

① 在画剖面线时，也可先定边界再选图案，然后进行相应设置。

② 如果被选边界中包含有文字，AutoCAD 在文字附近的区域内不进行填充，这样，文字就可以清晰的显示，如图9-21所示。应注意的是：在使用"忽略"填充方式时，将忽略这一特性而全部填充。

图9-21 填充有文字的区域

9.5 习题

1. 练习图案填充设置，根据图 9-22 所示图形进行图案选择、方向、比例、双向、关联等设置练习。

图9-22 图案填充设置练习

第10章 标注尺寸

尺寸标注是绘图设计中的一项重要内容。图形只能表达物体的形状，而物体的大小和结构间的相对位置必须要有尺寸标注来确定。AutoCAD 提供了一套完整的尺寸标注系统，它不仅使用户可以方便快捷地为图形创建符合标准的尺寸标注样式，进行多种对象标注，而且能够自动精确地测量标注对象的尺寸大小，并提供了强大的尺寸编辑功能。

10.1 尺寸标注的组成和类型

10.1.1 尺寸标注的组成

工程图中一个完整的尺寸一般由尺寸线、尺寸界线、尺寸起止符号（箭头）、尺寸数字四个部分组成，如图 10-1 所示。

图 10-1 尺寸标注的组成

各组成部分的特点：

1. 尺寸线

尺寸线用于表示尺寸标注的方向。必须以直线或圆弧的形式单独画出，不能用其他线条替代或与其他线条重合。

2. 尺寸界线

尺寸界线用于表示尺寸标注的范围。可以单独绘出，也可以利用轴线轮廓作为尺寸界线，一般情况下尺寸界线与尺寸线垂直。

3. 尺寸起止符号

尺寸起止符号用于表示尺寸标注的起始和终止位置。制图标准中规定尺寸起止符号有两种形式，如图 10-2 所示。机械图样主要是用箭头来表示起止符号，当尺寸过小时也可以用点来代替箭头。

图10-2 尺寸起止符号示例

a) 机械图样常用起止符号   b) 建筑图样常用起止符号

144

4. 尺寸数字

尺寸数字用于表示尺寸的具体大小。尺寸数字可注写在尺寸线的上方或中断位置，但不能与尺寸线重叠。

10.1.2 尺寸标注的类型

AutoCAD 2007 提供了 10 多种尺寸标注类型，分别为：快速标注、线性、对齐、弧长、坐标、半径、折弯、直径、角度、基线、连续、引线、公差、圆心标记等，在"标注"菜单和"标注"工具栏中列出了尺寸标注的类型，如图 10-3 和图 10-4 所示。本章节将分别介绍各类型的标注方法。

图 10-3 "标注"菜单   图 10-4 "标注"工具栏

10.2 设置尺寸标注的样式

尺寸标注时，必须符合有关制图的国家标准规定，所以在进行尺寸标注时，要对尺寸标注的样式进行设置，以便得到正确的统一尺寸样式。

10.2.1 标注样式管理器

1. 输入命令

可以执行以下命令之一：

● "标注"工具栏： ✍

● 菜单栏："标注" → "样式"

● 命令行：DIMSTYLE

执行输入命令，打开"标注样式管理器"对话框，如图 10-5 所示。

2. 选项说明

"标注样式管理器"对话框中的各选项功能如下。

"当前标注样式"标签：用于显示当前使用的标注样式名称。

"样式"列表框：用于列出当前图中已有的尺寸标注样式。

"列出"下拉列表框：用于确定在"样式"列表框中所显示的尺寸标注样式范围。可以通过列表在"所有样式"和"正在使用的样式"中选择。

"预览"框：用于预览当前尺寸标注样式的标注效果。

"说明"框：用于对当前尺寸标注样式的说明。

"置为当前"按钮：用于将指定的标注样式置为当前标注样式。

"新建"按钮：用于创建新的尺寸标注样式。单击"新建"按钮后，打开"创建新标注样式"对话框，如图 10-6 所示。

图 10-5　"标注样式管理器"对话框　　　　　图 10-6　"创建新标注样式"对话框

在对话框中，"新样式名"文本框，用于确定新尺寸标注样式的名字。"基础样式"下拉列表框，用于确定以哪一个已有的标注样式为基础来定义新的标注样式。"用于"下拉列表框，用于确定新标注样式的应用范围，包括了"所有标注"、"线性标注"、"角度标注"、"半径标注"、"直径标注"、"坐标标注"、"引线与公差"等范围供用户选择。完成上述设置后，单击"继续"按钮，打开"新建标注样式"对话框，如图 10-7 所示。其中各选项卡的内容和设置方法将在后面小节中详细介绍。设置完成后，单击"确定"按钮，返回"标注样式管理器"对话框。

"修改"按钮：用于修改已有的标注尺寸样式。单击"修改"按钮，可以打开"修改标注样式"对话框，此对话框与图 10-7 所示的"新建标注样式"对话框形式类似。

图 10-7　"新建标注样式"对话框

"替代"按钮：用于设置当前样式的替代样式。单击"替代"按钮，可以打开"替代标注样式"对话框，此对话框与图 10-7 所示的"新建标注样式"对话框形式类似。

"比较"按钮：用于对两个标注样式作比较。用户利用该功能可以快速了解不同标注样式之间的设置差别，单击"比较"按钮，打开"比较标注样式"对话框，如图 10-8 所示。

图 10-8 "比较标注样式"对话框

10.2.2 "直线"选项卡设置

"直线"选项卡用于设置尺寸线、尺寸界线的格式和属性，如图 10-7 所示。选项卡中各选项功能如下：

1."尺寸线"选项组

该选项组用于设置尺寸线的格式。

"颜色"下拉列表框：用于设置尺寸线的颜色。

"线型"下拉列表框：用于设置尺寸界线的线型。

"线宽"下拉列表框：用于设置尺寸线的线宽。

"超出标记"文本框：当采用倾斜、建筑标记等尺寸箭头时，用于设置尺寸线超出尺寸界线的长度。

"基线间距"文本框：用于设置基线标注尺寸时，尺寸线之间的距离，如图 10-9 所示。

"隐藏"："尺寸线 1"和"尺寸线 2"复选框分别用于确定是否显示第一条或第二条尺寸线，如图 10-10 所示。"尺寸线 1"和"尺寸线 2"的顺序确定和尺寸的起始点与终止点位置有关，起始点为 1，终止点为 2。

图 10-9 "基线间距"设置示例

图10-10 隐藏尺寸线示例

a) 隐藏尺寸线 1 b) 隐藏尺寸线 2 c) 隐藏尺寸线 1 和尺寸线 2

2."尺寸界线"选项组

该选项组用于设置尺寸界线的格式。

"颜色"下拉列表框：用于设置尺寸界线的颜色。

"尺寸界线 1"下拉列表框：用于设置尺寸界线 1 的线型。

"尺寸界线 2"下拉列表框：用于设置尺寸线界线 2 的线型。

"线宽"下拉列表框：用于设置尺寸界线的宽度。

"超出尺寸线"文本框：用于设置尺寸界线超出尺寸线的长度，如图 10-11 所示。

图10-11　尺寸界线超出尺寸线示例

a) 超出尺寸线为 2 时　b) 超出尺寸线为 4 时

"起点偏移量"文本框：用于设置尺寸界线的起点与被标注对象的距离，如图 10-12 所示。

图10-12　起点偏移量设置示例

a) 起点偏移量为 2 时　b) 起点偏移量为 4 时

"隐藏"："尺寸界线　1"和"尺寸界线　2"复选框分别用于确定是否显示第一条尺寸界线或显示第二条尺寸界线，如图 10-13 所示。

图10-13　隐藏尺寸界线示例

a) 隐藏尺寸界线 1　b) 隐藏尺寸界线 2　c) 隐藏尺寸界线 1 和 2

"固定长度的尺寸界线"复选框：用于使用特定长度的尺寸界线来标注图形，其中在"长度"文本框中可以输入尺寸界线的数值。

3．预览窗口

右上角的预览窗口用于显示在当前标注样式设置后的标注效果。

10.2.3 "符号和箭头"选项卡设置

1．"箭头"选项组

该选项组用于确定尺寸线起止符号的样式。

"第一项"下拉列表框：用于设置第一尺寸线箭头的样式。

"第二个"下拉列表框：用于设置第二尺寸线箭头的样式。尺寸线起止符号标准库中有19 种，在工程图中常用的有下列几种：

实心闭合（即箭头）

倾斜（即细 45°斜线）

建筑标记（中粗 45°斜线）

小圆点

"引线"下拉列表框：用于设置引线标注时引线箭头的样式。

"箭头大小"文本框：用于设置箭头的大小。例如箭头的长度、45°斜线的长度、圆点的大小，按制图标准应设成3～4mm。

2."圆心标记"选项组

该选项组用于确定圆或圆弧的圆心标记样式。

"标记"、"直线"和"无"单选钮：用于设置圆心标记的类型。

"大小"下拉列表框：用于设置圆心标记的大小。

3.弧长符号选项组

在"弧长符号"选项组中，可以设置弧长符号显示的位置，包括"标注文字的前缀"、"标注文字的上方"和"无"三种方式，分别如图10-14所示。

图10-14　弧长符号的位置设置示例

4.半径标注折弯

在"折弯角度"文本框中，可以设置在标注圆弧半径时，标注线的折弯角度大小。

10.2.4　"文字"选项卡设置

"文字"选项卡用于设置尺寸文字的外观、位置以及对齐方式等，如图10-15所示。选项卡中各选项功能如下：

1."文字外观"选项组

该选项组用于设置尺寸文字的样式、颜色、大小等。

"文字样式"下拉列表框：用于选择尺寸数字的样式，也可以单击右侧的 按钮，从打开的"文字样式"对话框中选择样式或设置新样本，如图10-16所示。

图10-15　"文字"选项卡

图10-16　"文字样式"对话框

"文字颜色"下拉列表框：用于选择尺寸数字的颜色，一般设为"ByLayer（随层）"。

"文字高度"文字编辑框：用于指定尺寸数字的字高，一般设为"3.5"mm。

"分数高度比例"文字编辑框：用于设置基本尺寸中分数数字的高度。在分数高度比例文本框中输入一个数值，AutoCAD 用该数值与尺寸数字高度的乘积来指定基本尺寸中分数数值的高度。

"绘制文字边框"选项框：用于给尺寸数字绘制边框。例如：尺寸数字"30"注写为"30"的形式。

2．"文字位置"选项组

该选项组用于设置尺寸文字的位置。

"垂直"下拉列表框：用于设置尺寸数字相对尺寸线垂直方向上的位置。有"置中"、"上方"、"外部"和"日本工业标准(JIS)" 4 个选项，如图 10-17 所示。

图10-17 "垂直"设置示例

a) 置中 b) 上方 c) 外部

"水平"下拉列框表：用于设置尺寸数字相对尺寸线水平方向上的位置。有"置中"、"第一条尺寸界线"、"第二条尺寸界线"、"第一条尺寸界线上方"和"第二条尺寸界线上方" 5 个选项，如图 10-18 所示。

图10-18 "水平"选项设置示例

a) 置中 b) 第一条尺寸界线 c) 第二条尺寸界线

d) 第一条尺寸界线上方 e) 第二条尺寸界线上方

"从尺寸界线偏移"文本框：用于设置尺寸数字与尺寸线之间的距离。

3．"文字对齐"选项组

该选项组用于设置标注文字的书写方向。

"水平"单选钮：用于确定尺寸数字是否始终沿水平方向放置，如图 10-19a 所示。

"与尺寸线对齐"单选钮：用于确定尺寸数字是否与尺寸线始终平行放置，如图 10-19b 所示。

"ISO 标准"单选钮：用于确定尺寸数字是否按 ISO 标准设置。尺寸数字在尺寸界线以内与尺寸线方向平行放置；尺寸数字在尺寸界线以外时则水平放置。

图 10-19　文字对齐示例

a)"水平"选项示例　b)"与尺寸线对齐"选项示例

10.2.5　"调整"选项卡设置

"调整"选项卡用于设置尺寸数字、尺寸线和尺寸箭头的相互位置，如图 10-20 所示。选项卡中各选项功能如下：

图 10-20　"调整"选项卡

1．"调整选项"选项组

该选项组用于设置尺寸数字、箭头的位置。

"文字或箭头（最佳效果）"单选钮：用于系统自动移出尺寸数字和箭头，使其达到最佳的标注效果。

"箭头"单选钮：用于确定当尺寸界线之间的空间过小时，移出箭头，将其绘制在尺寸界线之外。

"文字"单选钮：用于确定当尺寸界线之间的空间过小时，移出文字，将其放置在尺寸界线外侧。

"文字和箭头"单选钮：用于确定当尺寸界线之间的空间过小时，移出文字与箭头，将其绘制在尺寸界线外侧。

"文字始终保持在尺寸界线之间"单选钮：用于确定将文字始终放置在尺寸界线之间。

"若不能放置在尺寸界线内，则消除箭头"复选框：用于确定当尺寸之间的空间过小时，将不显示箭头。

2."文字位置"选项组

该选项组用于设置标注文字的放置位置。

"尺寸线旁边"：用于确定将尺寸数字放在尺寸线旁边。

"尺寸线上方，带引线"单选钮：用于当尺寸数字不在默认位置时，若尺寸数字与箭头都不足以放到尺寸界线内，可移动鼠标自动绘出一条引线标注尺寸数字。

"尺寸线上方，不带引线"单选钮：用于当尺寸数字不在默认位置时，若尺寸数字与箭头都不足以放到尺寸界线内，按引线模式标注尺寸数字，但不画出引线。

3."标注特征比例"选项组

该选项组用于设置尺寸特征的缩放关系。

"使用全局比例"单选钮和文本框：用于设置全部尺寸样式的比例系数。该比例不会改变标注尺寸时的尺寸测量值。

"将标注缩放到布局"单选钮：用于确定比例系数是否用于图纸空间。默认状态比例系数只运用于模型空间。

4."优化"选项组

该选项组用于确定在设置尺寸标注时，是否使用附加调整。

"手动放置文字"复选框：用于忽略尺寸数字的水平放置，将尺寸放置在指定的位置上。

"在尺寸界限之间绘制尺寸线"复选框：用于确定始终在尺寸界限内绘制出尺寸线。当尺寸箭头放置在尺寸界线之外时，也可在尺寸界限之内绘制出尺寸线。

10.2.6 "主单位"选项卡设置

"主单位"选项卡用于设置标注尺寸时的主单位格式，如图 10-21 所示。选项卡中的各项功能如下：

1."线性标注"选项组

该选项组用于设置标注的格式和精度。

"单位格式"下拉列表框：用于设置线型尺寸标注的单位，默认为"小数"单位格式。

"精度"下拉列表框：用于设置线型尺寸标注的精度，即保留小数点后的位数。

"分数格式"下拉列表框：用于确定分数形式标注尺寸时的标注格式。

"小数分隔符"下拉列表框：用于确定小数形式标注尺寸时的分隔符形式。其中包括："小圆点"、"逗号"和"空格"3 个选项。

"舍入"文本框：用于设置测量尺寸的舍入值。

"前缀"文本框：用于设置尺寸数字的前缀。

图 10-21 "主单位"选项卡

"后缀"文本框：用于设置尺寸数字的后缀。

"比例因子"文本框：用于设置尺寸测量值的比例。

"仅应用到布局标注"复选框：用于确定是否把现行比例系数仅应用到布局标注。

"前导"复选框：用于确定尺寸小数点前面的零是否显示。

"后续"复选框：用于确定尺寸小数点后面的零是否显示。

2. "角度标注"选项组

该选项组用于设置角度标注时的标注形式、精度等。

"单位格式"下拉列表框：用于设置角度标注的尺寸单位。

"精度"下拉列表框：用于设置角度标注尺寸的精度位数。

"前导"和"后续"复选框：用于确定角度标注尺寸小数点前、后的零是否显示。

10.2.7 "换算单位"选项卡设置

"换算单位"选项卡用于设置线型标注和角度标注换算单位的格式，如图 10-22 所示。选项卡的各选项功能如下：

1. "显示换算单位"复选框

该选项框用于确定是否显示换算单位。

2. "换算单位"选项组

该选项组用于显示换算单位时，确定换算单位的单位格式、精度、换算单位乘数、舍入精度及前缀、后缀等。

3. "消零"选项组

该选项组用于确定是否有消除换算单位的前导或后续零。

4. "位置"选项组

该选项组用于确定换算单位的放置位置，包括"主值后"、"主值下"两个选项。

10.2.8 "公差"选项卡设置

"公差"选项卡用于设置尺寸公差样式、公差值的高度及位置，如图 10-23 所示。选项卡中各选项的功能如下：

图 10-22 "换算单位"选项卡

图 10-23 "公差"选项卡

1. "公差格式"选项组

该选项组用于设置公差标注格式。

"方式"下拉列表框：用于设置公差标注方式。通过下拉列表可以选择"无"、"对称"、"极限偏差"、"极限尺寸"、"基本尺寸"等，其标注形式如图 10-24 所示。

图 10-24 公差标注格式示例

a) "无"　b) "对称"　c) "极限偏差"　d) "极限尺寸"　e) "基本尺寸"

"精度"下拉列表框：用于设置公差值的精度。

"上偏差/下偏差"文本框：用于设置尺寸的上、下偏差值。

"高度比例"文本框：用于设置公差数字的高度比例。

"垂直位置"下拉列表框：用于设置公差数字相对基本尺寸的位置，可以通过下拉列表框进行选择：

"顶"：公差数字与基本尺寸数字的顶部对齐。

"中"：公差数字与基本尺寸数字的中部对齐。

"下"：公差数字与基本尺寸数字的下部对齐。

154

"前导/后续"复选框：用于确定是否消除公差值的前导和后续零。

2. "换算单位公差"选项组

该选项组用于设置换算单位的公差样式。在选择了"公差格式"选项组中的"方式"选项时，可以使用该选项。

"精度"下拉列表框：用于设置换算单位的公差值精度。

10.3 标注尺寸

10.3.1 标注线性尺寸

该功能用于水平、垂直、旋转尺寸的标注。

1. 输入命令

可以执行以下命令之一：

● "标注"工具栏："线性"按钮，如图 10-25 所示。

图 10-25 "线性"按钮示例

● 菜单栏："标注"→"线性"

● 命令行：DIMLINEAR

2. 操作格式

命令：（输入命令）

指定第一条尺寸界线起点或〈选择对象〉：（指定第 1 条尺寸界线起点）

指定第二条尺寸界线起点：（指定第 2 条尺寸界线起点）

指定尺寸线位置或[多行文字(M)/文字(T)/角度(A)/水平(H)/垂直(V)/旋转(R)]：（指定尺寸位置或选项）

标注结果如图 10-26 所示。

图10-26 标注线型尺寸示例

a) 水平标注 b) 垂直标注

3. 选项说明

命令中的各选项功能如下。

"指定尺寸线位置"：用于确定尺寸线的位置。可以通过鼠标移动光标来指定尺寸线的位置，确定位置后，则按自动测量的长度标注尺寸。

"多行文字"：用于使用"多行文字编辑器"编辑尺寸数字。

"文字"：用于使用单行文字方式标注尺寸数字。

"角度"：用于设置尺寸数字的旋转角度。

"水平"：用于尺寸线水平标注。

"垂直"：用于尺寸线垂直标注。

"旋转"：用于尺寸线旋转标注。

10.3.2 标注对齐尺寸

该功能用于标注倾斜方向的尺寸，如图 10-27 所示。

1. 输入命令

可以执行以下命令之一：

● "标注"工具栏："对齐"按钮，如图 10-28 所示。

图 10-27 标注对齐尺寸示例   图 10-28 "对齐"按钮示例

● 菜单栏："标注"→"对齐"

● 命令行：DIMALIGNED

2. 操作格式

命令：（输入命令）

指定第 1 条尺寸界线起点或〈选择对象〉：（指定第 1 条尺寸界线起点）

指定第 2 条尺寸界线起点：（指定第 2 条尺寸界线起点）

指定尺寸线位置或[多行文字(M)/文字(T)/角度(A)/水平(H)/垂直(V)/旋转(R)]：（指定尺寸位置或选项）

以上各选项含义与线性标注选项含义类同。

10.3.3 标注弧长尺寸

该功能用于标注弧长的尺寸，如图 10-29 所示。

1. 输入命令

可以执行以下命令之一：

● "标注"工具栏："弧长"按钮，如图 10-30 所示。

● 菜单栏："标注"→"弧长"

● 命令行：DIMARC

图 10-29 弧长标注示例   图 10-30   "弧长"按钮示例

2. 操作格式

命令: （输入命令）

选择弧线段或多线段弧线段: （选取弧线段）

指定弧长标注位置或[多行文字(M)文字(T)角度(A)部分(P)引线(L)]: （使用鼠标牵引位置，单击左键结束命令。

10.3.4 标注基线尺寸

该功能用于基线标注。可以把已存在的一个线性尺寸的尺寸界线作为基线，来引出多条尺寸线。下面以图 10-31 为例。

图 10-31   基线尺寸标注示例

a) 标注前   b) 标注后

1. 输入命令

可以执行以下命令之一:

● "标注"工具栏: "基线"按钮，如图 10-32 所示。

图 10-32 "基线"按钮示例

● 菜单栏: "标注" → "基线"

● 命令行: DIMBASELINE

2. 操作格式

命令: （输入命令）

选择基准标注: （指定已存在的线性尺寸界线为起点，如图 10-31 中的点 a）

指定第一条尺寸界线原点或[放弃(U)/选择(S)]〈选择〉: （指定第一个基线尺寸的第 2 条尺寸界线起点 b，创建 80 的尺寸标注）

指定第二条尺寸界线原点或[放弃(U)/选择(S)]〈选择〉：（指定第二个基线尺寸的第 2 条尺寸界线起点 c，创建 160 的尺寸标注）

指定第二条尺寸界线原点或[放弃(U)/选择(S)]〈选择〉：（指定第三个基线尺寸的第 2 条尺寸界线起点或按〈Enter〉键结束命令）

选择基准标注：（可另选择一个基准尺寸同上操作进行基线尺寸标注或按〈Enter〉键结束命令）

其中选项含义如下：

"指定第二条尺寸界线原点"：用于确定第一点后，系统进行基线标注，并提示下一次操作命令。

"放弃"：用于取消上一次操作。

"选择"：用于确定另一尺寸界线进行基线标注。

说明：

① 各基线尺寸间的距离是在尺寸样式中预设定的，见 10.2.2 节内容。

② 所注的基线尺寸数值只能使用 AutoCAD 的内测值，不能更改。

10.3.5 标注连续尺寸

该功能用于在同一尺寸线水平或垂直方向连续标注尺寸。下面以图 10-33 为例。

a)

b)

图10-33 标注连续尺寸示例

a) 标注前 b) 标注后

1. 输入命令

可以执行以下命令之一：

● "标注"工具栏："连续"按钮，如图 10-34 所示。

图 10-34 "连续"按钮示例

● 菜单栏："标注"→"连续"

● 命令行：DIMCONTINUE

2. 操作格式

命令：（输入命令）

选择基准标注：（指定已存在的线性尺寸界线为起点，如图 10-33 所示的点 a）

指定第二条尺寸界线原点或[放弃(U)/选择(S)]〈选择〉:（指定第一个连续尺寸的第 2 条尺寸界线起点 b，创建 50 的尺寸标注）

指定第二条尺寸界线原点或[放弃(U)/选择(S)]〈选择〉:（指定第二个连续尺寸的第 2 条尺寸界线起点 c，创建 80 的尺寸标注）

指定第二条尺寸界线原点或[放弃(U)/选择(S)]〈选择〉:（指定第三个连续尺寸的第 2 条尺寸界线起点或按〈Enter〉键结束命令）

选择基准标注:（可另选择一个基准尺寸同上操作进行连续尺寸标注或按〈Enter〉键结束命令）

其中选项含义与基准标注中选项含义类同。

10.3.6 标注半径尺寸

该功能用于标注圆弧的半径尺寸，如图 10-35 所示。

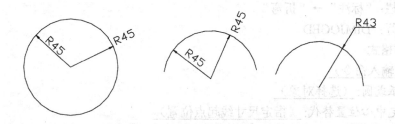

图 10-35 半径尺寸标注的各种类型示例

1. 输入命令

可以执行以下命令之一:

● "标注"工具栏:"半径"按钮，如图 10-36 所示。

图 10-36 "半径"按钮示例

● 菜单栏:"标注"→"半径"

● 命令行:DIMRADIUS

2. 操作格式

命令:（输入命令）

选择圆弧或圆:（选取被标注的圆弧或圆）

指定尺寸的位置或[多行文字(M)/文字(T)/角度(A)]:（移动鼠标指定尺寸的位置或选项）

如果直接指定尺寸的位置，将标出圆或圆弧的半径；如果选择选项，将确定标注的尺寸与其倾斜角度。如果将"圆和圆弧引出"标注样式置为当前样式，可以进行引出标注，如图 10-35 所示。

10.3.7 标注折弯尺寸

该功能用于折弯标注圆或圆弧的半径，如图 10-37 所示。

1. 输入命令

可以执行以下命令之一：

● "标注"工具栏："折弯"按钮，如图 10-38 所示。

图 10-37 折弯尺寸示例

图 10-38 "折弯"按钮示例

● 菜单栏："标注"→"折弯"

● 命令行：DIMJOGED

2. 操作格式

命令：（输入命令）

选择圆弧或圆：（选择对象）

指定指定中心位置替代：（指定尺寸线起点位置）

指定尺寸线位置或[多行文字(M)/文字(T)/角度(A)]：（移动鼠标指定位置或选项）

指定折弯位置：（滑动鼠标指定位置后结束命令）

折弯角度可在"新建标注样式"对话框的"符号和箭头"选项卡中设置，默认值为45°。

10.3.8 标注直径尺寸

该功能用于标注圆或圆弧的直径尺寸，如图 10-39 所示。

图 10-39 直径尺寸标注的各种类型示例

1. 输入命令

可以执行以下命令之一：

● "标注"工具栏："直径"按钮，如图 10-40 所示。

图 10-40 "直径"按钮示例

- 菜单栏："标注"→"直径"
- 命令行：DIMDIAMETER

2．操作格式

命令：（输入命令）

选择圆弧或圆：（选择对象）

指定尺寸线的位置或[多行文字(M)/文字(T)/角度(A)]：（指定位置或选项）

如果将"圆和圆弧引出"标注样式置为当前样式，可以进行引出标注，如图 10-39 所示。

10.3.9 标注角度尺寸

该功能用于标注角度尺寸。

1．输入命令

可以执行以下命令之一：

- "标注"工具栏："角度"按钮，如图 10-41 所示。

图 10-41 "角度"按钮示例

- 菜单栏："标注"→"角度"
- 命令行：DIMANGULAR

2．操作格式

命令：（输入命令）

选择圆弧、圆、直线或〈指定顶点〉：（选取对象或指定顶点）

3．选项说明

命令中的各选项功能如下。

- "圆弧"：用于标注圆弧的包含角。

选取圆弧上任意一点后，系统提示：

指定标注弧线位置或 [多行文字(M) / 文字(T) / 角度(A)]：（拖动尺寸线指定位置或选项）

若直接指定尺寸线位置，AutoCAD 将按测定尺寸数字完成角度尺寸标注，如图 10-42a 所示。

若进行选项，各选项含义与线性尺寸标注方式的同类选项相同。

- "圆"：用于标注圆上某段弧的包含角。

选取圆的某点后，系统提示：

指定角的第二端点：（选择圆上第二点）

指定标注弧线位置或 [多行文字(M)/文字(T)/角度(A)]：（指定尺寸线位置或选项）

指定尺寸线的位置后，完成两点间的角度标注，如图 10-42b 所示。

- "直线"：用于标注两条不平行直线间的夹角。

选取一条直线后，系统提示：

选择第二条直线：（选取第二条直线）

指定标注弧线位置或 [多行文字(M) / 文字(T) / 角度(A)]：（指定尺寸线位置或选项）

图 10-42　圆弧和圆的角度标注示例

指定尺寸线的位置后，完成二直线间的角度标注，如图 10-43a 所示。

● "顶点"：用于三点方式标注角度。

命令：（输入命令）

选择圆弧、圆、直线或〈指定顶点〉：（直接按〈Enter〉键）

指定角顶点：（指定角度顶点）

指定角的第一个端点：（指定第一条边端点）

指定角的第二个端点：（指定第二条边端点）

指定标注弧线位置或 [多行文字(M) / 文字(T) / 角度(A)]：（指定尺寸线位置或选项）

若直接指定尺寸线位置，AutoCAD 将按测定尺寸数字完成三点间的角度标注，如图 10-43b 所示。

图 10-43　两直线和三点的角度标注示例

10.3.10　引线标注

该功能用于创建多种格式的指引线和文字选择。

1. 输入命令

可以执行以下命令之一：

● "标注"工具栏："快速引线"按钮，如图 10-44 所示。

图 10-44　"快速引线"按钮示例

● 菜单栏："标注"→"引线"

● 命令行：QLEADER

2．操作格式

命令：（输入命令）

指定第一条引线点或[设置(S)]〈设置〉：（指定指引线的起点箭头位置）

指定下一点：（指定引线另一点）

指定文字宽度〈0〉：（输入文字宽度）

输入注释文字的第一行〈多行文字(M)〉：（输入文字）

如果选择"多行文字"选项，输入"M"，则打开"多行文字编辑器"对话框输入文字。

如果在提示"指定第一条引线点"时选择"设置"选项，输入"S"时，则打开"引线设置"对话框，如图 10-45 所示。

3．选项说明

"引线设置"对话框中有"注释"、"引线和箭头"、"附着"三个选项卡，其各选项功能如下。

（1）"注释"选项卡

该选项卡用于设置引线标注的注释类型、多行文字选项、确定是否重复使用注释，如图 10-45 所示。

图 10-45 "引线设置"对话框

"注释类型"选项组中各选项功能如下：

"多行文字"单选钮：用于打开"多行文字编辑器"来标注注释，结果如图 10-46a 所示。

"复制对象"单选钮：用于复制多行文字、文字、块参照或公差注释的对象来标注注释。

"公差"单选钮：用于打开"形位公差"对话框，使用形位公差来标注注释，如图 10-46b 所示。

"块参照"单选钮：用于将绘制图块来标注注释。

"无"单选钮：用于绘制引线，没有注释，如图 10-46c 所示。

"多行文字选项"选项组中各选项功能如下：

"提示输入宽度"复选框："用于输入多行文字注释时"，提示输入文字的宽度。

"始终左对齐"复选框：用于输入多行文字注释时左对齐。

"文字边框"复选框：用于输入多行文字注释时加边框。

"重复使用注释"选项组：可以在"无"、"重复使用下一个"、"重复使用当前"三个选项中选择。

（2）"引线和箭头"选项卡

该选项用于设置引线和箭头的格式，如图 10-47 所示。

a)　　　　　　　b)　　　　　　　c)

图10-46　注释选项设置示例

a) 多行文字　b) 公差　c) 无

图 10-47 "引线和箭头"选项卡

"引线"选项组：用于确定引线是"直线"还是"样条曲线"，如图 10-48 所示。

a) b)

图10-48 引线和箭头选项示例

a) 直线 b) 样条曲线

"点数"选项组：用于确定引线采用几段折线，例如两段折线的点数为 3。

"箭头"选项组：用于设置引线起点处的箭头样式。

"角度约束"选项组：用于对第一段和第二段引线设置角度约束。

（3）"附着"选项卡

该选项卡用于多行文字注释项与引线终点的位置关系，如图 10-49 所示。

图 10-49 "附着"选项卡

"文字在左边"：表示注释文字在引线左边。

"文字在右边"：表示注释文字在引线右边。

"第一行顶部"：表示文字注释第一行的顶部与引线终点对齐。

"第一行中间"：表示文字注释第一行的中间部位与引线终点对齐。

"多行文字中间"：表示多行文字注释的中间部位与引线终点对齐。

"最后一行中间"：表示文字注释最后一行的中间部位与引线终点对齐。

"最后一行底部"：表示文字注释最后一行底部与引线终点对齐。

10.3.11 圆心标记

该功能用于创建圆心的中间标记或中心线，如图 10-50 所示。

1. 输入命令

可以执行以下命令之一：

● "标注"工具栏："圆心标记"按钮，如图 10-51 所示。

图 10-50　创建圆心标记示例

图 10-51　"圆心标记"按钮示例

● 菜单栏"标注"→"圆心标记"

● 命令行：DIMCENTER

2. 操作格式

命令：（输入命令）

选择圆弧或圆：（选择对象）

执行结果与"尺寸标注样式管理器"的"圆心标记"选项设置一致。

10.4　标注形位公差

AutoCAD 提供了标注形位公差的功能，可以通过"形位公差"对话框进行设置，然后快速标注。

1. 输入命令

可以执行以下命令之一：

● "标注"工具栏："公差"按钮，如图 10-52 所示

● 菜单栏："标注"→"公差"

● 命令行：TOLERANCE

2. 操作格式

命令：（输入命令）

打开"形位公差"对话框，如图 10-53 所示。

图 10-52　"公差"按钮示例

图 10-53　"形位公差"对话框

3．选项说明

"形位公差"对话框各选项功能说明如下。

（1）"符号"选项组

该选项用于确定形位公差的符号。单击选项组中小方框，打开"特征符号"对话框，如图 10-54 所示。单击选取符号后，返回"形位公差"对话框。

（2）"公差"选项组

该选项组第一个小方框，确定是否加直径"Φ"符号，中间文本框输入公差值，第三个小方框确定包容条件，当单击第三个小方框时，将打开"附加符号"对话框，如图 10-55 所示，以供选择。

图 10-54　"特征符号"对话框

图 10-55　"附加符号"对话框

（3）"基准 1/2/3"选项组

该选项组的文本框设置基准符号，后面的小方框用于确定包容条件。

（4）"高度"文本框

该选项用于设置公差的高度。

（5）"基准标识符"文本框

该选项用于设置基准标识符。

（6）"延伸公差带"复选框

该复选框用于确定是否在公差带后面加上投影公差符号。

设置后，单击"确定"按钮，退出"形位公差"对话框，指定插入公差的位置，即完成公差标注。

10.5　快速标注尺寸

快速标注尺寸可以在一个命令下进行多个直径、半径、连续、基线和坐标尺寸的标注。

1．输入命令

可以执行以下命令之一：

● "标注"工具栏："快速标注"按钮，如图 10-56 所示

图 10-56　"快速标注"按钮示例

● 菜单栏："标注"→"快速标注"

- 命令行：QDIM

2. 操作格式

命令：（输入命令）

选择要标注的几何图形：（选取对象）

指定尺寸位置或[连续(C)/并列(S)/基线(B)/坐标(O)/半径(R)/直径(D)/基准点(P)/编辑(E)]
〈连续〉：（指定尺寸位置或选项）

3. 选项说明

命令中的各选项功能如下。

"指定尺寸位置"：用于确定尺寸线的位置。

"连续"：采用连续方式一次性标注多个所选对象。

"并列"：采用并列方式一次性标注多个所选对象。

"基线"：采用基线方式一次性标注多个所选对象。

"坐标"：采用坐标方式一次性标注多个所选对象。

"半径"：用于对所选的圆和圆弧标注半径。

"直径"：用于对所选的圆和圆弧标注直径。

"基准点"：用于设置坐标标注或基线标注的基准点。

"编辑"：用于对快速标注的尺寸进行编辑。显示以下提示，"指定要删除的标注点或[添加(A)/退出(X)]〈退出〉"，用鼠标选取要删除或要添加的点，系统自动快速标注尺寸。

10.6 编辑尺寸标注

AutoCAD 2007 提供了对尺寸的编辑功能，可以方便地修改已经标注的尺寸。

10.6.1 编辑标注

该功能用于修改尺寸。

1. 输入命令

可以执行以下命令之一：

- "标注"工具栏："编辑标注"按钮，如图 10-57 所示

图 10-57 "编辑标注"按钮示例

- 菜单栏："标注" → "倾斜"
- 命令行：DIMEDIT

2. 操作格式

命令：（输入命令）

输入标注编辑类型[默认(H)/新建(N)/旋转(R)/倾斜(O)]〈默认〉：（选项）

选择对象：（选择编辑对象）

3. 选项说明

命令中的各选项功能如下。

（1）"默认"选项

该选项用于将尺寸标注退回到默认位置。

该选项是默认项。选择该项后，系统提示：

选择对象：（选择需退回的尺寸）

选择对象：（继续选择或按〈Enter〉键结束命令）

（2）"新建"选项

该选项用于打开"多行文字编辑器"来修改尺寸文字。

输入"N"，打开"多行文字编辑器"对话框，键入新的文字，系统提示：

选择对象：（选择需更新的尺寸）

选择对象：（继续选择或按〈Enter〉键结束命令）

（3）"旋转"选项

该选项用于将尺寸数字旋转指定的角度。

输入"R"，系统提示：

指定标注文字的角度：（输入尺寸数字的旋转角度）

选择对象：（选择需旋转的尺寸）

选择对象：（继续选择或按〈Enter〉键结束命令）

（4）"倾斜"选项

该选项用于指定尺寸界线的旋转角度。

输入"O"，系统提示：

选择对象：（选择需倾斜的尺寸）

选择对象：（继续选择或按〈Enter〉键结束选择）

输入倾斜角度（按〈Enter〉键表示无）：（输入倾斜角）

命令：

结束编辑标注。

10.6.2 编辑标注文字

1. 输入命令

可以执行以下命令之一：

● "标注"工具栏："编辑标注文字"按钮，如图 10-58 所示。

图 10-58 "编辑标注文字"按钮示例

● 菜单栏："标注" → "对齐文字"

● 命令行：DIMTEDIT

2. 操作格式

命令：（输入命令）

选择标注:（选择要编辑的标准）

指定标注文字的新位置或[左(L)/右(R)/中心(C)/默认(H)/角度(A)]:（指定位置或选项）

3. 选项说明

命令中的各选项功能如下。

"指定标注文字的新位置": 用于指定标注文字的位置。

"左": 用于将尺寸数字沿尺寸线左对齐。

"右": 用于将尺寸数字沿尺寸线右对齐。

"中心": 用于将尺寸数字放在尺寸线中间。

"默认": 用于返回尺寸标注的默认位置。

"角度": 用于将尺寸旋转一个角度。

10.6.3 更新尺寸标注

该功能更新尺寸标注样式使其采用当前的标注样式。该命令必须在修改当前注释样式之后才起作用。

1. 输入命令

可以执行以下命令之一:

● "标注"工具栏: "标注更新"按钮, 如图 10-59 所示

图 10-59 "标注更新"按钮示例

● 菜单栏: "标注"→"更新"

● 命令行: DIMSTYLE

2. 操作格式

命令:（输入命令）

输入标注样式选项[保存(S)/恢复(R)/状态(ST)/变量(V)/应用(A)/?]〈恢复〉:（选项）

3. 选项说明

命令中的各选项功能如下。

"保存": 用于存储当前新标注样式。

"恢复": 用于以新的标注样式替代原有的标注样式。

"状态": 用于文本窗口显示当前标注样式的设置数据。

"变量": 用于选择一个尺寸标注, 自动在文本窗口显示有关数据。

"应用": 将所选择的标注样式应用到被选择的标注对象上。

10.7 上机练习

1. 创建新尺寸标注样式

在绘制工程制图时, 通常要有多种标注尺寸的样式, 为了提高绘图速度, 就应把常用的标注形式一一创建为标注尺寸样式。标注尺寸时只需要调用尺寸标注样式, 从而减少了反复

设置尺寸标注样式的麻烦。下面以机械制图为例介绍几种常用的尺寸标注样式的创建。

（1）创建"直线"尺寸标注样式

创建"直线"尺寸标注样式，如图 10-60 所示，其操作步骤如下：

1）创建新标注样式名

① 在"标注"工具栏选取"标注"命令，打开"标注样式管理器"对话框，单击"新建"按钮，打开"创建新标注样式"对话框。

② 在"基础样式"下拉列表框中选中"ISO-25"样式。

图 10-60 "直线"尺寸标注样式示例

③ 在"新样式名"文本框中输入"直线"。

④ 单击"继续"按钮，打开"新建标注样式"对话框。

2）设置"直线"选项卡

① 设置"尺寸线"设置组："颜色"为"随层"，"线宽"为"随层"，"超出标记"设为"0"，"基线间距"设为"7"。

② 设置"尺寸界线"选项组："颜色"为"随层"，"线宽"为"随层"，"超出尺寸线"为"2"，"起点偏移量"为"0"。

3）设置"符号和箭头"选项卡

设置"箭头"选项组：如"第一项"和"第二个"下拉列表框中选择"实心闭合"，"箭头大小"为"4"。

其他选项为默认值。

4）设置"文字"选项卡

① 设置"文字外观"选项组："文字样式"下拉列表框中选择"工程图尺寸"，"文字颜色"为"随层"，"文字高度"为"3.5"。

② 设置"文字位置"选项组："垂直"下拉列表框选择"上方"，"水平"下拉列表框中选择"置中"，从"尺寸偏移量"输入"1"。

③ "文字对齐"选择"与尺寸线对齐"。

5）设置"调整"选项卡

① 在"调整选项"选项组选择"文字或箭头，取最佳效果"。

② 在"文字位置"选项组选择"尺寸线旁边"。

③ 在"标注特征比例"选项组中选择"使用全局比例"。

④ 在"优化"选项组选择"始终在尺寸线之间绘制尺寸线"。

6）设置"主单位"选项卡

① 设置"线性标注"选项组："单位格式"选择"小数"，"精确"下拉列表框中选择"0"。

② 设置"角度标注"选项组："单位格式"选择"十进制数"，"精确"下拉列表框选择"0"。

其余选项均为默认值。

7）完成设置

设置完成后，单击"确定"按钮，返回"标注样式管理器"对话框，并在"样式"列表框中显示"直线"新尺寸标注样式。

（2）创建"圆与圆弧引出"尺寸标注样式

利用"直线"尺寸标注样式可以直接标注圆和圆弧中的直径与半径，如图10-61所示。

图 10-61 "圆与圆弧"尺寸标注样式示例

若要标注如图10-62所示的"圆与圆弧引出"尺寸标注，则应创建"圆与圆弧引出"尺寸标注样式。

图 10-62 "圆与圆弧引出"标注样式示例

创建"圆与圆弧引出"尺寸标注样式，可在"直线"尺寸标注样式的基础上进行，其操作步骤如下：

① 从"标注"工具栏单击"标注样式" ✍ 按钮，打开"标注样式管理器"对话框。单击该对话框中的"新建"按钮，打开"创建新标注样式"对话框。

② 在"创建新标注样式"对话框中的"基础样式"下拉列表框中，选择"直线"尺寸标注样式为基础样式。

③ 在"创建新标注样式"对话框中的"新样式名"文本框中，输入所要创建的尺寸标注样式的名称"圆与圆弧引出"。

④ 单击"创建新标注样式"对话框中的"继续"按钮，打开"新建标注样式"对话框。

⑤ 在"新建标注样式"对话框中，只需修改与"直线"尺寸标注样式不同的两处。设置修改如下：

选择"文字"选项卡：在"文字对齐"选项组中将"与尺寸线对齐"改为"水平"选项。

选择"调整"选项卡：在"优化"选项组选择"手动放置文字"选项。

⑥ 设置完成后，单击"确定"按钮，AutoCAD保存新创建的"圆及圆弧引出"尺寸标注样式，返回"标注样式管理器"对话框，并在"样式"列表中显示"圆及圆弧引出"尺寸标注样式名称，完成创建。

另外，该样式也可用于角度尺寸的标注。

（3）创建"小尺寸"尺寸标注样式

创建"小尺寸"标注样式，以图 10-63 所示为例。

"小尺寸"标注样式的创建，可在"直线"尺寸标注样式的基础上进行创建。其操作步骤如下：

① 在"标注"工具栏单击"标注样式" 按钮，打开"标注样式管理器"对话框。单击该对话框中的"新建"按钮，打开"创建新标注样式"对话框。

图 10-63   "小尺寸"标注样式示例

② 在"创建新标注样式"对话框中的"基础样式"下拉列表框中选择"直线"尺寸标注样式。

③ 在"创建新标注样式"对话框中的"新样式名"文本框中输入所要创建的尺寸标注样式的名称"小尺寸 1"（或"连续小尺寸 2"和"小尺寸 3"）。

④ 单击"创建新标注样式"对话框中的"继续"按钮，弹出"新建标注样式"对话框。

⑤ 在"新建标注样式"对话框中只需修改与"直线"尺寸标注样式不同的两处。

选择"符号和箭头"选项卡：在"箭头"选项组的"第一项"下拉列表中选择"小点"选项（"连续小尺寸 2"还要在"箭头"组的"第二个"下拉列表中选择"小点"选项）。

选择"调整"选项卡：在"调整选项"组选择"文字和箭头"。

⑥ 设置完成后，单击"确定"按钮，AutoCAD 保存新创建的"小尺寸 1"（或"连续小尺寸 2"和"小尺寸 3"）标注样式，返回"标注样式管理器"对话框，并在"样式"列表中显示"小尺寸 1"（或"连续小尺寸 2"和"小尺寸 3"）尺寸标注样式名称，完成创建。"小尺寸"的不同设置应用如图 10-64 所示。

图 10-64   "小尺寸"的不同设置示例

a)"小尺寸 1"   b)"连续小尺寸 2"   c)"小尺寸 3"

2. 形位公差标注

（1）要求

标注图 10-65 所示的形位公差。

图 10-65   公差标注示例

172

（2）操作步骤

① 输入命令后，打开"形位公差"对话框，按照图10-66所示填写参数，结果如图10-65a所示。

② 输入命令后，打开"形位公差"对话框，按照图10-67所示填写参数，结果如图10-65b所示。

图10-66　"形位公差"对话框设置示例1　　　图10-67　"形位公差"对话框设置示例2

③ 输入命令后，打开"形位公差"对话框，按照图10-68所示填写参数，结果如图10-65c所示。

④ 输入命令后，打开"形位公差"对话框，按照图10-69所示填写参数，结果如图10-65d所示。

图10-68　"形位公差"对话框设置示例3　　　图10-69　"形位公差"对话框设置示例4

10.8　习题

1. 掌握"标注样式管理器"的设置，根据需要设置尺寸线、尺寸界限、箭头、尺寸文字等参数。设置以下标注样式："直线"标注样式；"圆与圆弧引出"标注样式；"小尺寸1"、"小尺寸2"、"小尺寸3"等标注样式。

2. 进行各种类型的尺寸标注练习，包括直线、圆、圆弧、角度、基线、连续、公差、形位公差等内容。

3. 绘制如图10-70所示图形并标注公差尺寸。

提示：应在新标注样式中创建"公差"标注样式。

4. 绘制如图10-71所示图形并标注尺寸和形位公差。

提示：使用"公差"命令，在对"形位公差"对话框设置后，进行标注。

5. 绘制如图10-72所示图形并标注尺寸。

图 10-70　公差尺寸标注示例

图 10-71　尺寸和形位公差标注示例

图 10-72　轴类零件尺寸标注练习示例

6. 绘制如图 10-73 所示图形并标注尺寸。

7. 标注配合尺寸公差，如图 10-74 所示。

图 10-73　盘类零件尺寸标注练习示例

图 10-74　标注配合尺寸练习

　　提示：先标注直线型尺寸，然后单击"**A**"按钮，在"多行文字编辑器"中修改标注。在"多行文字编辑器"中选择要堆叠的字符，"号"按钮显亮后才可以使用（请参阅 7.3 节）。

第 11 章　AutoCAD 设计中心

AutoCAD 2007 的设计中心是一个集管理、查看和重复利用图形的多功能高效工具。利用设计中心，用户不仅可以浏览、查找、管理 AutoCAD 图形等不同资源，而且只需要拖动鼠标，就能轻松地将一张设计图样中的图层、图块、文字样式、标注样式、线型、布局及图形等复制到当前图形文件中。

11.1　AutoCAD 设计中心的启动和组成

下面介绍 AutoCAD 设计中心的启动和窗口组成。

11.1.1　启动 AutoCAD 设计中心

1. 输入命令

可以执行以下命令之一：

- 工具栏：▦
- 菜单栏："工具"→"选项板"→"设计中心"
- 命令行：ADCENTER

2. 操作格式

命令：（输入命令）

打开"设计中心"窗口，如图 11-1 所示。

11.1.2　AutoCAD 设计中心窗口组成

设计中心窗口由工具栏和左、右两个框组成，其中左边区域为树状视图框，右边区域为内容框。

图 11-1　"设计中心"窗口

1. 树状视图框

树状视图框用于显示系统内的所有资源，包括磁盘及所有文件夹、文件以及层次关系，树状视图框的操作与 Windows 资源管理器的操作方法类似。

2. 内容框

内容框又称控制板，当在树状视图框中选中某一项时，AutoCAD 会在内容框显示所选项的内容。根据在树状视图框中选项的不同，在内容框中显示的内容可以是图形文件、文件夹、图形文件中的命名对象（如块、图层、标注样式、文字样式等）、填充图案、Web 等。

3. 工具栏

工具栏位于窗口上边，主要功能如下：

- "打开"按钮▨：用于在内容框显示指定图形文件的相关内容。单击该按钮，打开"加载"对话框，如图 11-2 所示。通过该对话框选择图形文件后，单击"打开"按钮，树状视图框中显示出该文件名称并选中该文件，在内容框中显示出该图形文件的对应内容。

图 11-2 "加载"对话框

- "后退"按钮 ⬅：用于向后返回一次所显示的内容。
- "向前"按钮 ➡：用于向前返回一次所显示的内容。
- "上一级"按钮 📁：用于显示活动容器的上一级容器内容。容器可以是文件夹或图形。
- "搜索"按钮 🔍：用于快速查找对象。单击该按钮，打开"搜索"对话框。
- "收藏夹"按钮 📇：用于在内容框内显示收藏夹中的内容。
- "Home"按钮 🏠：用于返回到固定的文件夹或文件，即在内容框内显示固定文件夹或文件中的内容。默认固定文件夹为 Design Center 文件夹。
- "树状视图框切换"按钮 📄：用于显示或隐藏树状视图窗口。
- "预览"按钮 📊：用于显示内容框中打开或关闭"预览"窗格的切换。"预览"窗格位于内容框的下方，可以预览被选中的图形或图标。
- "说明"按钮 📄：用于在内容框内实现打开或关闭"说明"窗格的切换，用来显示说明内容。

另外，"视图"按钮 📄 ▾用于确定在内容框内显示内容的格式。单击右侧小箭头，打开下拉列表，可以选择不同的显示格式，其中包括"大图标"、"小图标"、"列表"和"详细信息"四种格式。

4. 选项卡

AutoCAD 设计中心有"文件夹"、"打开的图形"、"历史纪录"、"联机设计中心"四个选项卡，各选项卡功能如下：

（1）"文件夹"选项卡

用于显示出文件夹，如图 11-1 所示。

（2）"打开的图形"选项卡

用于显示当前已打开的图形及相关内容，如图 11-3 所示。

图 11-3 "打开的图形"选项卡

（3）"历史纪录"选项卡

用于显示用户最近浏览过的 AutoCAD 图形，如图 11-4 所示。

（4）"联机设计中心"选项卡

用于显示对应的在线帮助，如图 11-5 所示。

图 11-4　"历史纪录"选项卡示例

图 11-5　"联机设计中心"选项卡示例

11.2　使用 AutoCAD 设计中心

使用 AutoCAD 设计中心可以打开、查找、复制图形文件和属性。

11.2.1　查找（搜索）图形文件

该功能可以查找所需要的图形内容。

单击"设计中心"工具栏的"搜索"按钮，打开"搜索"对话框，如图 11-6 所示。

图 11-6　"搜索"对话框

"搜索"对话框中含义如下：

"搜索"下拉列表框：用于确定查找对象的类型。可以通过下拉列表在标注样式、布局、块、填充图案、填充图案文件、图层、图形、图形和块、外部参照、文字样式、线型等类型中选择。

"于"下拉列表框：用于确定搜索路径。也可以单击"预览"按钮来选择路径。

"包含子文件夹"复选框：用于确定搜索时是否包含子文件夹。

"立即搜索"按钮：用于启动搜索。搜索到符合条件要求的文件后，将在下方显示结果。

"停止"按钮：用于停止查找。

"新搜索"按钮：用于重新搜索。

"图形"选项卡：用于设置搜索图形的文字和位于的字段（文件名、标题、主题、作者、关键字）。

"修改日期"选项卡：用于设置查找的时间条件。

"高级"选项卡：用于设置是否包含块、图形说明、属性标记、属性值等，并可以设置图形的大小范围。

11.2.2　打开图形文件

在 AutoCAD 设计中心，可以很方便地打开所选的图形文件，一般有两种方法：

1. 用快捷菜单打开图形

在设计中心的内容框中用鼠标右键单击
所选图形文件的图标，打开快捷菜单，在快
捷菜单中选择"在应用程序窗口中打开"选
项，如图 11-7 所示，可将所选图形文件打开
并设置为当前图形。

2. 用拖动方式打开图形

在设计中心的内容框中，单击需要打开的
图形文件的图标，并按住左键将其拖动到
AutoCAD 主窗口中的除绘图框以外的任何地方

图 11-7　用快捷菜单打开图形示例

（如工具栏区或命令区），松开鼠标左键后，AutoCAD 即打开该图形文件并设置为当前图形。

如果将图形文件拖动到 AutoCAD 绘图区中，则将该文件作为一个图块插入到当前的图
形文件中，而不是打开该图形。

11.2.3　复制图形文件

利用 AutoCAD 设计中心，可以方便地将某一图形中的图层、线形、文字样式、尺寸样
式及图块通过鼠标拖放添加到当前图形中。

操作方法是：在内容框或通过"查询"对话框找到对应内容，然后将它们拖动到当前打
开图形的绘图区后放开按键，即可将所选内容复制到当前图形中。

如果所选内容为图块文件，拖动到指定位置松开左键后，即完成插入块操作。

也可以使用复制粘贴的方法。在设计中心的内容框中，选择要复制的内容，再用鼠标右
键单击所选内容，打开快捷菜单，在快捷菜单中选择"复制"选项，然后单击主窗口工具栏
中的"粘贴"按钮，所选内容就被复制到当前图中。

11.3　上机练习

1. 利用设计中心查找

（1）要求

利用设计中心查找"直线"标注样式。

（2）操作步骤

① 在"搜索"对话框"搜索"下拉列表框中选择"图层"选项。

② 在"于"下拉列表框中或单击"浏览"按钮，指定搜索位置。

③ 在"搜索名称"文字编辑框中输入"粗实线"图层名。

④ 单击"立即搜索"按钮，在对话框下部的查找栏内出现查找结果，如图 11-8 所示。
如果在查找结束前已经找到需要的内容，为节省时间可以单击"停止"按钮结束查找。

⑤ 可选择其中一个，直接将其拖曳到绘图框中，则"粗实线"图层应用于当前图形。

⑥ 单击"关闭"按钮，结束查找。

2．利用设计中心复制

（1）要求

利用设计中心采用拖曳方式复制图层。

（2）操作步骤

如图 11-9 所示，在 AutoCAD 设计中心的内容显示框中，选择要复制的一个或多个图层（或图块、文字样式、标注样式等），用鼠标左键拖动所选的内容到当前图形中，然后松开鼠标左键，所选内容就被复制到当前图形中。

图 11-8　显示查找图层的"搜索"对话框

图 11-9　采用拖曳方式复制图层示例

11.4　习题

使用 AutoCAD 设计中心查找和打开图形文件，并复制其内容；创建新的文件，并进行保存。

第12章 绘制三维图形

AutoCAD 2007 提供了强大的三维造型功能。利用 AutoCAD 2007，可以方便地绘制三维曲面与三维造型实体，可以对三维图形进行各种编辑，对实体模型进行布尔运算，对三维曲面、三维实体着色、渲染，从而生成更加逼真的显示效果。

12.1 三维坐标系

AutoCAD 采用世界坐标系和用户坐标系。世界坐标系简称 WCS，用户坐标系简称 UCS。在屏幕上绘图区的左下角有一个反映当前坐标系的图标。图标中 X、Y 的箭头表示当前坐标系 X 轴、Y 轴的正方向，系统默认当前 UCS 坐标系为 WCS，如图 12-1a 所示，否则为 UCS，如图 12-1b 所示。

a)　　　　　　　　　　　　b)

图 12-1　坐标系的图标示例

a) 世界坐标系　b) 用户坐标系

12.1.1 世界坐标系

世界坐标系（World Coordinate System，WCS）是一种固定的坐标系，即原点和各坐标轴的方向固定不变。三维坐标与二维坐标基本相同，只不过是多了个第三维坐标即 Z 轴。在三维空间绘图时，需要指定 X、Y 和 Z 的坐标值才能确定点的位置。当用户以世界坐标的形式输入一个点时，可以采用直角坐标、柱面坐标和球面坐标的方式来实现。

1. 直角坐标

在三维坐标系中，通常 X 轴和 Y 轴的正方向分别指向右方和上方，而 Z 轴的正方向指向用户。当采用不同的视图角度时，X、Y 轴的正方向可能有所改变，这时可以根据"笛卡儿"右手定则来确定 Z 轴的正方向和各轴的旋转方向。在该坐标系中，要指定三维坐标，可以用绝对坐标值表示，即输入 "X，Y，Z" 值。例如，"60，80，70"，表示 X 坐标为 60，Y 坐标为 80，Z 坐标为 70 的一个点。也可以用相对坐标值来表示点的三维坐标，即 "@ X，Y，Z"。

2. 柱面坐标

柱面坐标常用来定位三维坐标，它与二维空间的极坐标相似，但增加该点距 XY 平面的垂直距离。柱面坐标用三个参数来描述空间点的位置，即该点与当前坐标系原点的距离，坐标系原点与该点的连线在 XY 面上的投影同 X 轴正方向的夹角，以及该点的 Z 坐标值。距离与角度之间要用符号"<"隔开，而角度与 Z 坐标值之间要用逗号隔开。例如，某点距坐标系原点的距离为 60、坐标系原点与该点的连线在 XY 面上的投影同 X 轴正方向的夹角是45°、该点的 Z 坐标值为 120，那么此点的柱面坐标的表示形式为"60<45, 120"。

3. 球面坐标

三维球面坐标与二维空间的极坐标相似，它用三个参数描述空间某点的位置，即该点距当前坐标系原点的距离，坐标系原点与该点的连线在 XY 面上的投影同 X 轴正方向的夹角，坐标系原点与该点的连线同 XY 面的夹角。三者之间要用符号"<"隔开。例如，某点与当前坐标系原点的距离为 60、坐标系原点与该点的连线在 XY 面上的投影同 X 轴正方向的夹角是 45°、坐标系原点与该点的连线同 XY 面的夹角为 30°，则该点的球面坐标的表示形式为"60<45<30"。

12.1.2 用户坐标系

用户坐标系（User Coordinate System，UCS）是 AutoCAD 2007 绘制三维图形的重要工具。由于世界坐标系（WCS）是一个单一固定的坐标系，绘制二维图形虽完全可以满足要求，但对于绘制三维图形，则会产生很大的不便。为此 AutoCAD 允许用户建立自己的坐标系，即用户坐标系。下面介绍创建三维用户坐标系的方法。

1. 输入命令

可以执行以下命令之一：

● 菜单栏："工具"→"新建 UCS"
● 命令行：UCS

2. 操作格式

格式一：从菜单栏输入命令，如图 12-2 所示。

图 12-2 "新建 UCS"子菜单

格式二：从命令行中输入命令后，系统提示：

当前 UCS 名称：世界

指定 UCS 的原点或[面(F)/命名(NA)/对象(OB)/上一个(P)/视图(V)/世界(W)/X/Y/Z/Z 轴(ZA)/?]〈世界〉：（输入"NA"）

指定新 UCS 的原点或接受[Z 轴(ZA)/三点(3)/对象(OB)/面(F)/视图(V)/X/Y/Z/]〈0,0,0〉：（输入新 UCS 坐标系的原点坐标值）

3. 选项说明

命令中的各选项含义如下：

"世界"：用于从当前的用户坐标系恢复到世界坐标系。WCS 是所有用户坐标系的基准，不能被重新定义。

"上一个"：从当前的坐标系恢复上一个坐标系。

"面"：用于通过指定一个三维表面（实体对象）和 X、Y 轴正方向来定义一个新的坐标系。要选择一个面，可单击该面的边界内或面的边界，被选中的面将亮显，UCS 的 X 轴将与找到的第一个面上的最近的边对齐。

"对象"：用于通过选取一个对象来定义一个新的坐标系，使对象位于新的 XY 平面，其中 X 轴和 Y 轴的方向取决于选择的对象类型。该选项不能用于三维实体、三维多段线、三维网格、视口、多线、面域、样条曲线、椭圆、射线、参照线、引线、和多行文字等对象。

"视图"：用于以垂直于观察方向（平行于屏幕）的平面为 XY 平面，建立新的坐标系，UCS 原点保持不变。常用于注释当前视图时使文字以平面方式显示。

"原点"："原点"为默认值选项，用于通过平移当前坐标系的原点来定义一个新的 UCS，新的 UCS 的 X、Y 和 Z 轴的正方向保持不变。在此前提下输入相对于当前坐标原点的坐标值，则当前坐标系就会随原点平移到由该点坐标值所确定的点。

"Z 轴"：用特定的 Z 轴正半轴定义 UCS。需要选择两点，第一点作为新的坐标系原点，第二点决定 Z 轴的正向，XY 平面垂直于新的 Z 轴。

"三点"：用于通过三个点来定义新建的 UCS，也是最常用的方法之一。这三个点分别是新 UCS 的原点、X 轴正方向上的一点和坐标值为正的 XOY 平面上的一点。选择该选项系统提示：

指定新原点或[对象(O)]：〈0,0,0〉：（输入新 UCS 的原点坐标值）

在正 X 轴的范围上指定点〈默认值〉：（指定新 UCS 的 X 轴正方向上的任一点）

在 UCSXY 平面的正 Y 轴范围上指定点〈默认值〉：（指定 XOY 平面上 Y 轴正方向上的一点）

"X/Y/Z"：绕 X 轴、Y 轴或 Z 轴按给定的角度旋转当前的坐标系，从而得到一个新的 UCS。如果选择该项，输入"X"后，系统提示：

指定绕 X 轴的旋转角度〈90〉：（输入旋转角度），在此提示下输入一个旋转角度值，即可得到新的 UCS。旋转角度可为正值或负值，绕一轴旋转的角度正方向是按右手定则确定的。

12.1.3 恢复世界坐标系

若当前为"UCS"坐标系，要想恢复为"WCS"坐标系，其方法是：

- 从"工具"菜单中选择"命名 UCS"，打开"UCS"对话框，如图 12-3 所示。在"命名 UCS"选项卡中，选择"世界"选项，再单击"置为当前"按钮可以将当前坐标系恢复为世界坐标系（WCS）。
- 从"工具"菜单中选择"新建 UCS"子菜单，如图 12-2 所示。然后在子菜单中选择"世界"选项，"UCS"坐标系即恢复为世界坐标系（WCS）。

图 12-3　"UCS"对话框示例

12.2　三维模型概况

三维造型可以分为线框造型、曲面造型以及实体造型三种，这三种造型生成的模型从不同角度来描述一个物体。它们各有侧重，各具特色。图 12-4 显示了同一种物体的三种不同模型，其中图 12-4a 为线框模型，图 12-4b 为曲面模型，图 12-4c 为实体模型。

图12-4　三维造型示例
a) 线框模型　b) 曲面模型　c) 实体模型

线框模型用来描述三维对象的轮廓及断面特征，它主要由点、直线、曲线等组成；不具有面和体的特征，但线框模型是曲面造型的基础。

曲面模型用来描述曲面的形状，一般是将线框模型经过进一步处理得到的。曲面模型不仅可以显示出曲面的轮廓，而且可以显示出曲面的真实形状。各种曲面是由许许多多的曲面片组成，而这些曲面片又通过多边形网络来定义。

实体模型具有体的特征，它由一系列表面包围，这些表面可以是普通的平面也可以是复杂的曲面，实体模型中除包含二维图型数据外，还包括相当多的工程数据，如体积、边界面和边等。

12.3　创建线框模型

12.3.1　利用二维对象创建线框模型

三维线框模型中的每个对象都要单独绘制和定位，绘图时将任意一个二维平面对象放置到三维空间中即可创建三维线框图。方法有以下几种。

- 使用绘制"点"（POINT）的命令，然后输入三维空间点的"X、Y、Z"坐标值，来创建对象。
- 定义一个 UCS 设置默认的构造平面（XY 平面），用户可以在其上绘制图形。
- 在二维空间创建对象后，将其移动到三维空间中的合适位置上。

12.3.2 利用直线与样条曲线创建线框模型

可以使用"直线"（LINE）命令和"样条曲线"（SPLNE）命令创建三维直线和三维样条曲线，创建时输入三维空间点的"X、Y、Z"坐标值后，即可完成线框模型的创建。

12.3.3 利用三维多段线创建线框模型

1. 输入命令

可以执行以下命令之一：
- 菜单栏："绘图"→"三维多段线"
- 命令行：3DPOLY

2. 操作格式

命令：（输入命令）

指定多段线的起点：（指定起始点位置）

指定直线的端点或[放弃(U)]：（确定下一端点位置）

指定直线的端点或[放弃(U)]：（确定下一端点位置）

指定直线的端点或[闭合(C)/放弃(U)]：（确定下一端点或选项）

3. 说明

三维多段线与二维多段线相比，三维多段线不可以绘制圆弧也不能设置线宽。

12.3.4 创建螺旋线

该命令可以创建螺旋线，如图 12-5 所示。

1. 输入命令

可以执行以下命令之一：
- "建模"工具栏：
- 菜单栏："绘图"→"螺旋"
- 命令行：HELIX

2. 操作格式

命令：（输入命令）

圈数 = 3.0000   扭曲=CCW（螺旋线当前参数）

指定底面的中心点：

指定底面半径或 [直径(D)] <1.0000>:

指定顶面半径或 [直径(D)] <1.0000>:

指定螺旋高度或 [轴端点(A)/圈数(T)/圈高(H)/扭曲(W)] <1.0000>:

图 12-5 创建螺旋线示例

3. 选项说明

命令中各选项功能含义如下：

"轴端点"：用于指定轴的端点，然后以底面中心点到该轴端点的距离为高度线。

"圈数"：用于指定螺旋线的圈数，默认圈数为 3。

"圈高"：用于指定螺旋线各圈之间的距离。

"扭曲"：用于指定螺旋线的扭曲方向是顺时针(CW)还是逆时针(CCW)。

12.4　创建曲面模型

AutoCAD 用多边形网格构成的小平面来近似表示曲面，而这些网格小平面越密，曲面的光滑程度也就越高。

AutoCAD 2007 提供了创建曲面模型的"曲面"菜单，如图 12-6 所示。本节介绍各种曲面模型的创建。

12.4.1　创建平面曲面

1. 输入命令

可以执行以下命令之一：

- "建模"工具栏：
- 菜单栏："绘图"→"建模"→"平面曲面"
- 命令行：PLANESURF

2. 操作格式

图 12-6　"曲面"菜单

命令：（输入命令）

指定第一个角点或[对象(O)]：（输入第一角点）

指定其他角点：（输入对角点）

命令：

结束命令后，创建平面曲面如图 12-7 所示。在输入第一角点时，选择"对象(O)"选项，输入"O"，即可在绘图窗口选择对象，使其转为平面曲面。

图 12-7　创建平面曲面示例

12.4.2　创建三维面

1. 输入命令

可以执行以下命令之一：

- 菜单栏："绘图"→"建模"→"网格"→"三维面"
- 命令行：3DFACE

2．操作格式

命令:（输入命令）

指定第一点或[不可见(I)]:（输入 60，40，0）

指定第二点或[不可见(I)]:（输入 80，60，40）

指定第三点或[不可见(I)]〈退出〉:（输入 80，100，40）

指定第四点或[不可见(I)]〈创建三侧面〉:（输入 60，120，0）

再依次输入(140,120,0)、(120,100,40)、(120,60,40)、(140,40,0)、(60,40,0)、(80,60,40)点的坐标，按〈Enter〉键结束命令。如图 12-8 为"东北等测轴"视图时的示例。

3．说明

用户按系统提示输入三维面的各个顶点，即可创建一个三维面，并且系统提示继续指定顶点 3 或顶点 4，可以创建连续的三维面。在指定三维面的 4 个顶点时，必须连续按顺时针或逆时针进行，选择"I"可以控制边的可见性。

图 12-8　创建"三维面"示例

12.4.3　创建三维网格

1．输入命令

可以执行以下命令之一:

- 菜单栏:"绘图"→"建模"→"网格"→"三维网格"
- 命令行: 3DMESH

2．操作格式

命令:（输入命令）

输入 M 方向上的网格数量:（输入多边形网格顶点的行数）

输入 N 方向上的网格数量:（输入多边形网格顶点的列数）

指定顶点（0，0）的位置:（指定第一行，第一列的顶点坐标）

指定顶点（0，1）的位置:（指定第一行，第二列的顶点坐标）

……

指定顶点（M-1，N-1）的位置:（指定第 M、N 列的顶点坐标）

3．说明

多边形网格由 M、N 确定的矩阵来定义，M 与 N 的取值在 2~256 之间。在确定网格的行数和列数之后，再按列指定的各个顶点输入其坐标值。

12.4.4　创建旋转曲面

将指定曲面绕轴旋转一定的角度，形成旋转曲面。

1．输入命令

可以执行以下命令之一:

- 菜单栏:"绘图"→"建模"→"网格"→"旋转网格"
- 命令行: REVSURF

2. 操作格式

命令: （输入命令）

当前线框密度: SURFTAB1=30   SURFTAB2=30 （显示当前线框密度为 30）

选择要旋转的对象: （选择要旋转的对象）

选择定义旋转轴的对象: （选择作为旋转轴的对象）

指定起点角度〈0〉: （指定旋转的起点角度）

指定包含角（＋＝逆时针，－＝顺时针）〈360〉: （指定旋转曲面的包含角度）

3. 说明

用户应先绘制出旋转对象和旋转轴。旋转对象可以是直线、圆弧、圆、样条曲线、多段线等。旋转轴可以是直线、多段线等。

当选择作为旋转轴的对象时，选取的位置将影响旋转对象的旋转方向。该方向由右手规则确定，方法是：将拇指沿旋转轴指向远离拾取点的旋转轴上的另一端点，弯曲四指，四指所指方向就是旋转方向。操作结果如图 12-9 所示，图 12-9a 为平面视图；图 12-9b 为执行命令后结果；图 12-9c 为动态观察状态时的旋转曲面。

图 12-9 创建旋转曲面示例

a) 旋转曲面对象 b) 旋转曲面 c) 动态观察状态

12.4.5 创建平移曲面

该功能将轮廓曲线沿方向矢量平移后创建平移曲面。

1. 输入命令

可以执行以下命令之一：

● 菜单栏："绘图" → "建模" → "网格" → "平移网格"

● 命令行：TABSURF

2. 操作格式

命令: （输入命令）

选择用作轮廓曲线的对象: （选择轮廓曲线）

选择用作方向矢量的对象: （选择方向矢量）

选择方向矢量后，完成创建平移曲面，如图 12-10 所示。图 12-10a 为俯视平面绘制的轮廓曲线图；图 12-10b 为主视平面绘制的方向矢量；图 12-10c 为执行命令后的结果；图 12-10d

为动态观察状态时的平移曲面。

图12-10 创建平移曲面示例

a) 轮廓曲线 b) 方向矢量 c) 平移曲面 d) 动态观察状态

3. 说明

必须首先绘制出作为轮廓曲线和方向矢量的图形对象，轮廓曲线可以是直线、圆弧、圆、样条曲线、多段线等，作为方向矢量的对象可以是直线或非闭合的多段线等，如图 12-10a 所示。

12.4.6 创建直纹曲面

该功能可以在两条曲线之间形成直线曲面。

1. 输入命令

可以执行以下命令之一：

● 菜单栏："绘图" → "建模" → "网格" → "直纹网格"

● 命令行：RULESRF

2. 操作格式

命令：（输入命令）

当前线框密度：SURTAB1=30

选择第一条定义曲线（选择第一条曲线）

选择第二条定义曲线（选择第二条曲线）

3. 说明

① 用户应先绘制出用于创建直线曲面的两条曲线，如图 12-11a 所示。这些曲面可以是直线、点、圆弧、圆、样条曲线、多段线等对象。

② 如果其中一条曲线是封闭曲线，另一条曲线也必须是封闭曲线或为一个点。

③ 如果曲线非封闭时，直线曲线总是从曲线上离拾取点近的一端画出。因此用同样两条曲线绘制直线曲面时，如果确定曲线时的拾取位置不同（例如两端点相反），则得到的曲面也不相同，如图 12-11b 和图 12-11c 所示。

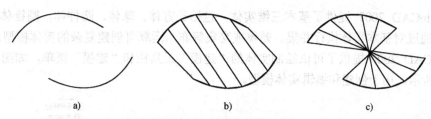

图 12-11　创建直纹曲面示例

a) 两条曲线　b) 拾取点方向相同曲面　c) 拾取点方向相反曲面

12.4.7　创建边界曲面

该功能以四条首尾相连的边为边界来创建三维多边形网格。

1．输入命令

可以执行以下命令之一：

- 菜单栏："绘图"→"建模"→"网格"→"边界网格"
- 命令行：EDGESURF

2．操作格式

命令：（输入命令）

当前线框密度：SURFTAB1=30　　AURFTAB2=30　　（当前设置显示）

选择用作曲面边界的对象 1：（选择曲面的第一条边）

选择用作曲面边界的对象 2：（选择曲面的第二条边）

选择用作曲面边界的对象 3：（选择曲面的第三条边）

选择用作曲面边界的对象 4：（选择曲面的第四条边）

结果如图 12-12 所示。

图 12-12　"边界曲面"绘制示例

3．说明

① 必须先绘制出用于绘制边界曲面的四个对象，这些对象可以是直线、圆弧、样条曲线、多段线等。

② 选择第一个对象所在方向为多边形的 M 方向，与其相邻的线条方向为 N 方向。系统变量 SURFTAB1 和 SURFTAB2 分别控制 M、N 方向的网格数。

12.5　创建实体模型

实体是具有封闭空间的几何形体，它具有质量、体积、重心、惯性矩、回转半径等体的特征。AutoCAD 2007 提供了基本三维实体,包括长方体、球体、圆柱体、圆锥体、楔体和圆环体。通过对基本实体执行并集、差集或交集等布尔运算可创建复杂的实体模型。

AutoCAD 2007 提供了可供绘制实体的"建模"工具栏和"建模"菜单,如图 12-13 和图 12-14 所示,用于创建和编辑实体模型。

图 12-13 "建模"工具栏 　　　　　　　　　图 12-14 "建模"菜单

12.5.1 创建多段体

该功能可以与绘制多段线相同的方式或基于现有的直线绘制实体

1. 输入命令

可以执行以下命令之一:

- "建模"工具栏:"多段体"按钮,如图 12-15 所示

图 12-15 "多段体"按钮示例

- 菜单栏:"绘图"→"建模"→"多段体"
- 命令行:POLYSOLID

2. 操作格式

命令:(输入命令)

指定起点或[对象(O) /高度(H)/宽度(W)/对正(J)] 〈对象〉:(输入 H)

指定高度 〈4.0000〉:(输入高度值)

指定起点或[对象(O) /高度(H)/宽度(W)/对正(J)] 〈对象〉:(输入 W)

指定宽度 〈0.2500〉:(输入宽度值)

指定起点或[对象(O) /高度(H)/宽度(W)/对正(J)] 〈对象〉:(输入 W)

指定下一个点或[圆弧(A)/放弃(U)]:(指定下一个点)

输入点后,即可创建多段体。也可以选取"对象"选项将图形转换为实体。

12.5.2 创建长方体

该功能用于创建长方体或立方体。

1. 输入命令

可以执行以下命令之一：

- "建模"工具栏："长方体"按钮，如图 12-16 所示
- 菜单栏："绘图"→"建模"→"长方体"
- 命令行：BOX

2. 操作格式

命令：（输入命令）

指定第一个角点或[中心(C)] 〈0,0,0〉：（指定长方体角点或中心点）

指定其他角点或[立方体(C)/长度(L)]：（指定长方体另一角点或正方体或边长）

指定高度或[两点(2P)]：（指定长方体的高度）

输入高度值之后，即可创建长方体，如图 12-17 所示。

图 12-16 "长方体"按钮示例

图 12-17 创建长方体示例

3. 选项说明

"角点"：用于指定长方体的一个角点。

"立方体"：用于创建一个长、宽、高相等的长方体。

"长度"：用于指定长方体的长、宽、高。

"指定高度"：用于指定长方体的高度。

"中心"：用于指定中心点来创建长方体。

"两点"：用于指定两点来确定高度或长度。

12.5.3 创建楔体

该功能用于创建楔体。

1. 输入命令

可以执行以下命令之一：

- "建模"工具栏："楔体"按钮，如图 12-18 所示
- 菜单栏："绘图"→"建模"→"楔体"
- 命令行：WEDGE

2. 操作格式

（1）指定底面矩形的对角点方式

命令：（输入命令）

指定第一个角点或[中心(C)]〈0,0,0〉：（指定该底面矩形的第一个角点）

指定其他角点或[立方体(C)/长度(L)]：（指定楔体底面矩形的另一个角点或立方体或边长）

指定高度[两点(2P)]：（指定楔体的高度值）

输入楔体的高度值后，即可创建楔体，如图12-19所示。

图12-18　"楔体"按钮示例　　　　　　图12-19　创建楔体示例

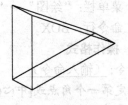

（2）指定楔体中心方式

命令：（输入命令）

指定楔体的第一个角点或[中心(C)]〈0,0,0〉：（输入"C"）

指定中心：（指定楔体中心点）

指定角点或[立方体(C)/长度(L)]：（指定楔体的对角点或选项）

指定高度或[两点(2P)]：（指定楔体的高度）

12.5.4　创建圆锥体

该功能用于创建圆锥体。

1. 输入命令

可以执行以下命令之一：

● "建模"工具栏："圆锥体"按钮，如图12-20所示

● 菜单栏："绘图"→"建模"→"圆锥体"

● 命令行：CONE

2. 操作格式

（1）指定圆锥体底面中心点方式

命令：（输入命令）

指定底面的中心点或[三点(3P)/两点(2P)/相切、相切、半径(T)/椭圆(E)]：（指定圆锥体底面中心点）

指定底面半径或[直径(D)]：（指定圆锥体半径或直径）

指定高度或[两点(2P)/轴端点(A)/顶面半径(T)]：（指定圆锥体高度值或顶点）

输入圆锥体高度值后，即可创建圆锥体，如图12-21所示。

（2）创建底面椭圆方式

命令：（输入命令）

指定底面的中心点或[三点(3P)/两点(2P)/相切、相切、半径(T)/椭圆(E)]：（输入"E"）

図 12-21 创建圆锥体示例

图 12-20 "圆锥体"按钮示例

指定第一个轴的端点或[中心(C)]:（指定第一条轴的一个端点）

指定第一个轴的其他端点:（指定第一条轴的另一个端点）

指定第二个轴的端点:（指定第二条轴的半轴长度值）

指定高度或[两点(2P)/轴端点(A)/顶面半径(T)]:（指定圆锥体高度值或顶点）

用户可以选择"椭圆(E)"来创建以椭圆为底面的圆锥体。

12.5.5 创建球体

该功能用于创建球体。

1. 输入命令

可以执行以下命令之一：

- "建模"工具栏："球体"按钮，如图 12-22 所示
- 菜单栏："绘图"→"建模"→"球体"
- 命令行：SPHERE

2. 操作格式

命令:（输入命令）

当前线框密度: ISOLINS=4（显示当前线框密度为 4）

指定中心点或 [三点(3P)/两点(2P)/相切、相切、半径(T)]:（指定球体中心点）

指定半径或 [直径(D)]:（指定球体半径或直径）

输入球体半径值之后，即可创建球体，如图 12-23 所示。

图 12-23 创建球体示例

图 12-22 "球体"按钮示例

12.5.6 创建圆柱体

该功能用于创建圆柱体。

1. 输入命令

可以执行以下命令之一：

● "建模"工具栏："圆柱体"按钮，如图 12-24 所示
● 菜单栏："绘图"→"建模"→"圆柱体"
● 命令行：CYLINDER

2. 操作格式

（1）指定圆柱体中心点方式

命令：（输入命令）

当前线框密度：ISOLINE=20 （显示当前线框密度为 20）

指定底面的中心点或[三点(3P)/两点(2P)/相切、相切、半径(T)/椭圆(E)]：<u>（指定圆柱体中心点）</u>

指定底面半径或[直径(D)]：<u>（指定圆柱体半径或直径）</u>

指定高度或[两点(2P)/轴端点(A)]：<u>（指定圆柱体高度值或顶面的中心点）</u>

输入圆柱体高度之后，完成圆柱体的创建，如图 12-25 所示。

图 12-24 "圆柱体"按钮示例　　　　图 12-25 创建圆柱体示例

（2）创建底面椭圆方式

命令：（输入命令）

当前线框密度：ISOLINE=20 （显示当前线框密度为 20）

指定底面的中心点或[三点(3P)/两点(2P)/相切、相切、半径(T)/椭圆(E)]：<u>（输入"E"）</u>

指定第一个轴的端点或 [中心(C)]：<u>（指定第一条轴的一个端点）</u>

指定第一个轴的其他端点：<u>（指定第一条轴的另一端点）</u>

指定第二个轴的端点：<u>（指定第二条轴的半轴长度值）</u>

指定高度或[两点(2P)/轴端点(A)]：<u>（指定圆柱体高度或顶面的中心点）</u>

用户可以选择"椭圆(E)"来创建底面为椭圆的圆柱体。

12.5.7 创建圆环体

该功能用于创建圆环体。

1. 输入命令

可以执行以下命令之一：

● "建模"工具栏："圆环体"按钮，如图 12-26 所示
● 菜单栏："绘图"→"建模"→"圆环体"
● 命令行：TORUS

2. 操作格式

命令：（输入命令）

当前线框密度：ISOLINS=20（显示当前线框密度为20）

指定中心点或[三点(3P)/两点(2P)/相切、相切、半径(T)]：（指定圆环体中心点）

指定半径或[直径(D)]：（指定圆环体半径或直径）

指定圆管半径或[两点(2P)/直径(D)]：（指定圆管半径或直径）

输入圆管半径之后，即完成圆环体的创建，如图12-27所示。

图12-26　"圆环体"按钮示例　　　　　　　　　图12-27　创建圆环体示例

3. 说明

可以选择"直径(D)"创建圆环体。

当圆管半径大于圆环半径时，则圆环中心不再有中心孔，如图12-28a所示；当圆环半径为负值，圆管半径为正值时，则创建出的实体为橄榄球状，如图12-28b所示。

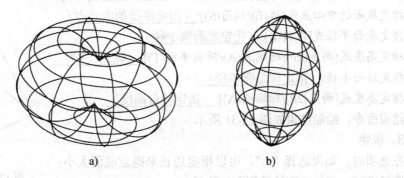

a)　　　　　　　　　　　　　　　　　b)

图12-28　创建圆环体的特例

12.5.8　创建棱锥体

该命令可以创建实体棱锥体。棱锥体的侧面数可以在3～32之间。

1. 输入命令

可以执行以下命令之一：

● "建模"工具栏："棱锥面"按钮，如图12-29所示

● 菜单栏："绘图"→"建模"→"棱锥面"

● 命令行：EXTRUDE

2. 操作格式

（1）创建棱锥体

命令：（输入命令）

4 个侧面 外切（显示当前棱锥体为 4 个侧面，底面圆外切）

指定底面的中心点或[边(E)/侧面(S)]:（指定底面的中心点）

指定底面半径或 [内接(I)]:（指定底面圆半径）

指定高度或[两点(2P)/轴端点(A)/顶面半径(T)]:（指定棱锥体高度）

指定高度后，创建棱锥体如图 12-30 所示。

图 12-29 "棱锥面"按钮示例　　　　图 12-30 创建棱锥体示例

（2）创建棱台

命令：（输入命令）

4 个侧面 外切（显示当前棱锥体为 4 个侧面，底面圆外切）

指定底面的中心点或[边(E)/侧面(S)]:（指定底面的中心点）

指定底面半径或[内接(I)]:（指定底面圆半径）

指定高度或[两点(2P)/轴端点(A)/顶面半径(T)]:（输入"T"）

指定顶面半径:（指定顶面圆半径）

指定高度或[两点(2P)/轴端点(A)]:（指定棱台高度）

结束命令，绘制结果如图 12-31 所示。

3. 说明

在选项时，如果选择"E"，可以指定边长来确定底面大小；如果选择"S"，可以改变棱锥侧面的数目。

图 12-31 创建棱台示例

12.5.9 创建拉伸实体

该功能通过拉伸二维图形使之具有厚度来创建拉伸实体。

1. 输入命令

可以执行以下命令之一：

● "建模"工具栏："拉伸"按钮，如图 12-32 所示

图 12-32 "拉伸"按钮示例

- 菜单栏："绘图"→"建模"→"拉伸"
- 命令行：EXTRUDE

2．操作格式

命令：（输入命令）

当前线框密度：ISOLINES=20（显示当前线框密度为 20）

选择要拉伸的对象：（选择要拉伸的二维闭合对象，按〈Enter〉键）

指定拉伸的高度或[方向(D)/路径(P)/倾斜角(T)]：（指定拉伸高度或选项）

输入拉伸高度后，即完成创建拉伸实体，如图 12-33b 所示。

a)　　　　　　b)　　　　　　c)　　　　　　d)

图 12-33　创建拉伸实体示例

3．说明

拉伸倾斜角取值范围为-90°～ +90°之间，0°表示实体的侧面与拉伸对象所在的二维平面垂直，如图 12-33b 所示；角度为正值时侧面向内倾斜，如图 12-33c 所示；角度为负值时侧面向外倾斜，如图 12-33d 所示。用户选择的拉伸对象可以是矩形、多边形、多段线、圆及样条曲线等二维对象。

用户还可以选择"方向(D)"和"路径(P)"来创建拉伸实体。

12.5.10　创建旋转实体

该功能可以通过旋转封闭的二维图形来创建旋转实体。

1．输入命令

可以执行以下命令之一：

- "建模"工具栏："旋转"按钮，如图 12-34 所示

图 12-34　"旋转"按钮示例

- 菜单栏："绘图"→"建模"→"旋转"
- 命令行：REVOLVE

2．操作格式

命令：（输入命令）

当前线框密度：ISOLINS=20　　（显示当前线框密度为 20）

选择要旋转对象：（选择要旋转的二维闭合对象，按〈Enter〉键）

指定轴起点或根据以下选项之一定义轴 [对象(O)/X/Y/Z] <对象>:（指定旋转轴的起点或选项）

指定轴端点：（指定旋转轴的终点）

指定旋转角度〈360〉：（指定旋转角度）

输入旋转角度后，系统完成旋转实体的创建，如图 12-35 所示。

图 12-35　创建旋转实体示例

a) 旋转前　b) 旋转角度为 360°　c) 旋转角度为 270°

3. 说明

用户可以选择"对象(O)/XY/Z"来创建旋转实体。

"对象(O)"：选择一直线或多段线中的单条线段来定义轴，旋转对象将绕这个轴旋转。轴的正方向是从该直线上的最近端点指向最远端点。

"X"：选用当前 UCS 的正向 X 轴作为旋转轴的正方向。

"Y"：选用当前 UCS 的正向 Y 轴作为旋转轴的正方向。

"Z"：选用当前 UCS 的正向 Z 轴作为旋转轴的正方向。

旋转对象必须是封闭的二维对象，可以是二维多段线、多边形、矩形、圆及椭圆等。

12.5.11　创建扫掠实体

该命令用于沿指定路径以指定轮廓的形状（扫掠对象）绘制实体或曲面。可以扫掠多个对象，但是这些对象必须位于同一平面中。

1. 输入命令

可以执行以下命令之一：

● "建模"工具栏："旋转"按钮，如图 12-36 所示

图 12-36　"扫掠"按钮示例

● 菜单栏："绘图"→"建模"→"扫掠"

● 命令行：SWEEP

2. 操作格式

命令:（输入命令）

当前线框密度: ISOLINES=4

选择要扫掠的对象:（指定扫掠对象）

选择要扫掠的对象: （按〈Enter〉键）

选择扫掠路径或[对齐(A)/基点(B)/比例(S)/扭曲(T)]: （指定扫掠路径或选项）

命令:

结束命令后，完成扫掠实体，如图 12-37b 所示，选择"视觉样式"中的"概念"选项，扫掠实体如图 12-37c 所示。

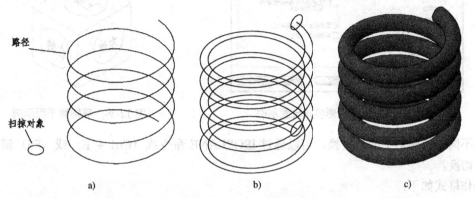

路径

扫掠对象

a)   b)   c)

图 12-37　创建扫掠实体示例

a) 扫掠前　b) 扫掠后的线框模型　c) 扫掠后的"概念"模型

3. 选项说明

"对齐"：用于设置扫掠前是否对齐垂直于路径的扫掠对象。

"基点"：用于设置扫掠的基点。

"比例"：用于设置扫掠的比例因子，当指定了该参数后，扫掠效果与单击扫掠路径的位置有关。

"扭曲"：用于设置扭曲角度或允许非平面扫掠路径倾斜。

12.6　绘制轴测图

轴测图是模拟三维立体的二维图形，所以在本质上，轴测图属于平面图形。由于轴测图创建比较简单，不需要三维作图知识，同时具有立体感强的特点，在工程中应用较广。下面介绍轴测图的绘制方法。

12.6.1　轴测图模式

轴测图应该在执行轴测投影模式后进行绘制。AutoCAD 提供了 ISOPLANE 空间，用于轴测图绘制，执行的方法有：

① 通过"工具"→"草图设置"命令，选择"捕捉和栅格"选项卡，设置"捕捉类型"选项组"等轴测捕捉"为当前模式，如图 12-38 所示。

② 通过"捕捉"命令的"类型"选项，设置成"等轴测"的捕捉栅格类型。

设置成"等轴测"作图模式后，屏幕上的十字光标看上去处于等轴测平面上。等轴测平面有三个，分别是左、右、上，如图 12-39 所示。

图 12-38　轴测图投影模式设置示例

图 12-39　等轴测平面示例

在不同的等轴测平面间转换，可以通过 ISOPLANE 命令或〈Ctrl + E〉或〈F5〉键来进行快速切换。

操作格式如下：

命令：（输入 ISOPLANE）

输入等轴测平面设置[左(L)/上(T)/右(R)]〈上〉:（选择等轴测平面）

利用〈Ctrl+E〉或〈F5〉键来进行快速切换时，三个等轴测平面的光标显示如图 12-40 所示。

图 12-40　三个等轴测平面的光标显示示例

a) 等轴测平面—左　b) 等轴测平面—右　c) 等轴测平面—上

12.6.2　轴测图的绘制

绘制处于等轴测平面上的图形时，应该使用正交模式绘制直线并使用圆和椭圆中的等轴测选项来绘制圆和椭圆，也可以通过指定极轴角度的方式绘制直线。

绘制圆和椭圆时，只有在等轴测模式下才会出现相应的等轴测选项。绘制等轴测圆、圆弧以及椭圆的命令都是"椭圆(ELLIPSE)"。下面以图 12-41 所示为例，说明命令的输入和操作格式。

1. 轴测模式设置

选取"工具"→"草图设置"→"捕捉和栅格"，在"捕捉类型"选项组中选取"等轴测捕捉"。

图 12-41 绘制轴测图示例

选取"工具"→"草图设置"→"对象捕捉",设置"端点"、"中点"和"交点"捕捉模式,并启用对象捕捉。

2．绘制出立方体

首先按〈Ctrl+E〉键或〈F5〉键,将等轴测平面调整成〈等轴测平面　上〉。

命令：（输入绘制直线命令）

指定第一点：（指定 a 点,并将光标移向 b 点）

指定下一点或[放弃(U)]：（输入 60,按〈Enter〉键,将光标移向 c 点）

指定下一点或[放弃(U)]：（输入 80,按〈Enter〉键,按〈Ctrl+E〉键,〈等轴测平面　右〉将光标移向 d 点）

指定下一点或[闭合(C)/放弃(U)]：（输入 20,按〈Enter〉键）

指定下一点或[闭合(C)/放弃(U)]：（按〈Enter〉键）

结果如图 12-41a 所示。

命令：（输入复制命令）

选择对象：（选取 ab 直线）

选择对象：（按〈Enter〉键）

指定基点或位移,或者[重复(M)]：（指定 b 点）

指定位移的第二点或〈用第一点作位移〉：（指定 c 点）

同样方法可以将直线 ab、bc、cd 按图 12-39b 所示复制。

3．绘制点划线

在点划线图层绘制两条中心线。结果如图 12-41c 所示。

4．绘制椭圆

命令：（ELLIPSE）

指定椭圆轴端点或[圆弧(A)/中心点(C)/等轴测圆(I)]:（输入"I"，按〈Enter〉键）

指定等轴测圆的圆心:（指定 e 点）

指定等轴测圆的半径或[直径(D)]:（输入 25，按〈Enter〉键）

向下复制一个椭圆，基点选取 b 点向 g 点位移。

5．修剪底圆孔的不可见部分

命令:（输入修剪命令）

当前设置: 投影=无　边=延伸（显示当前提示）

选择剪切边…

选择对象:（选取上方椭圆）

选择对象:（按〈Enter〉键）

选择要修剪的对象或[投影(P)/边(E)/放弃(U)]:（选取下方椭圆需要剪切的部分）

选择要修剪的对象或[投影(P)/边(E)/放弃(U)]:（按〈Enter〉键）

绘制等轴测图形如图 12-41d 所示。

12.6.3　轴测图注写文字

文字必须设置倾斜和旋转角度才能看上去处于等轴测面上，而且设置的角度应该是 30°和-30°。

在左等轴测面上设置文字的倾斜角度为-30°，旋转角度为-30°。

在右等轴测面上设置文字的倾斜角度为 30°，旋转角度为 30°。

在上等轴测面上设置文字的倾斜角度为-30°，旋转角度为 30°，或倾斜角度 30°，旋转角度-30°。

设置后注写的文字如图 12-39 所示。

12.6.4　轴测图标注尺寸

要想在轴测图上标注的尺寸位于轴测平面上，可以遵循以下的操作:

① 设置专用的轴测图标注文字样式，分别倾斜 30°和-30°。

② 使用 DIMALIGN 或 DIMLINEAR 命令标注尺寸。

③ 使用 DIMEDIT 命令的 OBLIQUE 选项改变尺寸标注的角度使尺寸位于等轴测平面上。设置角度时可以通过端点捕捉，也可以直接输入角度。

1．设置标注尺寸的文字样式

选取"格式"→"文字样式"，打开"新建文字样式"对话框，输入"ISOLEFTV"，其倾斜角为 30°。同样再新建文字样式"ISOLEFTH"，其倾斜角为-30°。

2．设置尺寸标注样式

选择"格式"→"标注样式"，打开"标注样式管理器"对话框，单击"替代"按钮后，按照图 12-42 所示设定该样式的"直线"参数。

按照图 12-43 所示设定"文字"参数。

3．标注尺寸

采用"对齐"标注方式，标注如图 12-44 所示的尺寸"60"和"φ50"。

操作格式:

图 12-42　"直线"选项卡设置示例

图 12-43　"文字"选项卡设置示例

命令：（DIMALIGNED）

指定第一条尺寸界线起点或〈选择对象〉：（选取 1 点）

指定第二条尺寸界线起点或〈选择对象〉：（选取 2 点）

指定尺寸线位置或[多行文字(M)/文字(T)/角度(A)]：（输入"T"，按〈Enter〉键）

输入标注文字〈50〉：（输入"％％C"，按〈Enter〉键）

指定尺寸线位置或[多行文字(M)/文字(T)/角度(A)]：（指定尺寸线的位置）

操作后标注显示 ϕ50。

用以上方法可以标注尺寸"60"，如图 12-44 所示。

打开"标注样式管理器"的"文字"选项卡，将文字样式设置为"ISOLETH"样式。采用该替代样式来标注尺寸"20"和"80"，如图 12-44a 所示。

图 12-44　轴测图标注尺寸示例

4. 调整尺寸方向

标注的尺寸应该位于对应的轴测平面内。选取"标注"→"倾斜"命令。

操作格式如下：

命令：（DIMEDIT）

输入标注编辑类型[默认(H)/新建(N)/旋转(R)/倾斜(O)]〈默认〉：（输入"O"，按〈Enter〉键）

选择对象：选取尺寸"ϕ50"

选择对象：（按〈Enter〉键）

输入倾斜角度（按〈Enter〉键表示无）：（单击 c 点）

定义第二点：（单击 b 点，利用 bc 线段方向确定倾斜角度）

用同样方法可以调整其他尺寸的方向，结果如图 12-44b 所示。

12.7　上机练习

1．绘制三维实体模型

（1）要求

绘制多种三维实体模型。

（2）操作步骤

具体参见 12.5 节内容。

2．绘制轴测图

（1）要求

绘制如图 12-45 所示的正等轴测图。

（2）操作步骤

图 12-45　正等轴测图示例

1）创建一幅新图

① 利用"使用向导"创建一幅新图，图纸界限设置为(150，100)。

② 使用 ZOOM 命令使图纸全屏显示。

2）设置轴测图模式

① 在"工具"菜单中选择"草图设置"选项，在打开的"草图设置"对话框选中"等轴测捕捉"选项。

② 在打开的"草图设置"对话框选中"启用栅格"选项。

③ 其余参数按默认设置，单击"确定"按钮。

3）绘制前面

① 按〈F5〉键，将视图切换为"等轴测视图 右"。打开正交和对象捕捉功能。

② 绘制直线。

命令：输入"L"

指定下一点或[放弃(U)]：（输入"8"，按〈Enter〉键，输入数据时，光标指向点 2 方向）

指定下一点或[放弃(U)]：（输入"30"，按〈Enter〉键，输入数据时，光标指向点 3 方向）

指定下一点或[闭合(C)/放弃(U)]：（输入"8"，按〈Enter〉键，输入数据时，光标指向点 4 方向）

指定下一点或[闭合(C)/放弃(U)]：（输入"C"，按〈Enter〉键）

执行命令结果如图 12-46 所示。

4）绘制左侧面

① 按〈F5〉键将视图切换到"等轴测视图 左"。

② 绘制直线。

图 12-46　绘制前面示例

命令：

指定下一点或[放弃(U)]：（输入"20"，按〈Enter〉键，输入数据时，光标指向点2方向）

指定下一点或[放弃(U)]：（输入"22"，按〈Enter〉键，输入数据时，光标指向点3方向）

指定下一点或[闭合(C)/放弃(U)]：（输入"8"，按〈Enter〉键，输入数据时，光标指向点4方向）

指定下一点或[闭合(C)/放弃(U)]：（输入"14"，按〈Enter〉键，输入数据时，光标指向点5方向）

指定下一点或[闭合(C)/放弃(U)]：（捕捉6点，按〈Enter〉键）

执行命令结果如图12-47所示。

图12-47 绘制左侧面示例

5）绘制右侧面

命令：（输入"L"）

指定下一点或[放弃(U)]：（输入"12"，按〈Enter〉键，输入数据时，光标指向点2方向）

指定下一点或[放弃(U)]：（输入"14"，按〈Enter〉键，输入数据时，光标指向点3方向）

指定下一点或[闭合(C)/放弃(U)]：（输入"8"，按〈Enter〉键，输入数据时，光标指向点4方向）

指定下一点或[闭合(C)/放弃(U)]：（按〈Enter〉键）

执行命令结果如图12-48所示。

6）绘制顶面

① 按〈F5〉键将视图切换到"等轴测视图 右"。

② 绘制直线。

利用直线命令，连接点1和点2直线。

利用直线命令，连接点3和点4直线。

利用直线命令，连接点5和点6直线。

绘制结果如图12-49所示。

图12-48 绘制右侧面示例

图12-49 绘制顶面示例

7）绘制轴测圆

① 绘制前轴测圆r1。

命令：（输入绘制椭圆命令）

指定椭圆轴的端点或[圆弧(A)/中心点(C)/等轴测圆(I)]：（输入"I"，按〈Enter〉键）

指定等轴测圆的圆心：（捕捉直线的中点，即指定圆心）

指定等轴测圆的半径或[直径(D)]：（输入"10"，按〈Enter〉键）

② 绘制后轴测圆 r2。

命令：（输入绘制椭圆命令）

指定椭圆轴的端点或[圆弧(A)/中心点(C)/等轴测圆(I)]：（输入"I"，按〈Enter〉键）

指定等轴测圆的圆心：（捕捉直线的中点，即指定圆心）

指定等轴测圆的半径或[直径(D)]：（输入"10"，按〈Enter〉键）

绘制结果如图 12-50 所示。

8）修剪轴测圆

利用"修剪"命令，如图 12-51 所示，以两条顶面直线（虚线）为修剪边界，修剪上半个椭圆弧。

图 12-50　绘制轴测圆示例　　　　　　　　图 12-51　修剪轴测圆示例

9）修剪直线

利用"修剪"命令，如图 12-52 所示，以两条圆弧（虚线）为修剪边界，修剪顶面直线。

a)　　　　　　　　　　　　　　　　b)

图12-52　修剪顶面直线示例

a) 修剪前　b) 修剪后

10）连接顶面直线

如图 12-53a 所示。

① 利用直线命令，连接 1 点和 2 点直线

② 利用直线命令，连接 3 点和 4 点直线。

结果如图 12-53b 所示。

轴测图最后完成结果如图 12-54 所示。

图12-53 连接顶面直线示例

a) 连接前 b) 连接后

图12-54 轴测图练习完成效果

12.8 习题

根椐 12.4、12.5 节的内容创建各种曲面和实体，包括长方体、圆柱体、球体、圆锥体、楔体、圆环体、拉伸实体、旋转实体、扫掠实体等。

第13章 编辑三维图形

与二维图形的编辑一样，用户也可以对三维曲面、实体进行编辑。对于二维图形的许多编辑命令同样适合于三维图形，如复制、移动等。AutoCAD 2007 专门提供了用于编辑三维图形的命令，包括：布尔运算（并集、差集和交集）；编辑命令（旋转、阵列、镜像、剖切、对齐、倒角）；显示三维实体（视点、动态观察、视觉样式及相机预览等）。

13.1 布尔运算

布尔运算是利用两个或多个已有实体通过并集、差集和交集运算组合成新的实体并删除原有实体，如图 13-1 所示。

图 13-1 实体布尔运算示例

a) 原始的两个实体　b) 并集运算后结果　c) 差集运算后结果　d) 交集运算后结果

13.1.1 并集运算

该功能通过对三维实体进行布尔运算，将多个实体组合成一个实体，如图 13-1b 所示。

1. 输入命令

可以执行以下命令之一：

● "实体编辑"工具栏："并集"按钮，如图 13-2 所示

图 13-2 "并集"按钮示例

● 菜单栏："修改"→"实体编辑"→"并集"
● 命令行：UNION

2. 操作格式

命令：（输入对象）

选择对象：（选择要组合的对象）

命令：

选择对象后，系统完成并集运算。

13.1.2　差集运算

该功能通过对三维实体进行布尔运算，在多个实体中减去一部分实体，创建出新的实体，如图 13-1c 所示。

1．输入命令

可以执行以下命令之一：

● "实体编辑"工具栏："差集"按钮，如图 13-3 所示

图 13-3　"差集"按钮示例

● 菜单栏："修改"→"实体编辑"→"差集"

● 命令行：SUBTRACT

2．操作格式

命令：（输入命令）

选择要从中删除的实体或面域…

选择对象：（选择被减的对象）

选择要删除的实体或面域…

选择对象：（选择要减去的对象）

命令：

分别选择被减的对象和要减去的对象后，系统完成差集运算。

13.1.3　交集运算

该功能通过对三维实体进行布尔运算，将通过各实体的公共部分创建为新的实体，如图 13-1d 所示。

1．输入命令

可以执行以下命令之一：

● "实体编辑"工具栏："交集"按钮，如图 13-4 所示

图 13-4　"交集"按钮示例

● 菜单栏："修改"→"实体编辑"→"交集"

● 命令行：INTERSECT

2．操作格式

命令:（输入命令）

选择对象:（选择运算对象）

选择对象:（选择运算对象）

选择对象:（按〈Enter〉键）

命令:

选择对象结束后，系统完成对所选对象的交集运算。

13.2 三维基本编辑命令

三维基本编辑命令包括旋转、阵列、镜像、对齐等命令。

13.2.1 旋转三维实体

该功能用于将指定对象绕空间轴旋转指定的角度。下面以图 13-5 为例。

a)   b)

图 13-5　旋转三维实体示例

a) 旋转前　b) 旋转 180°

1．输入命令

可以执行以下命令之一：

● "建模"工具栏：

● 菜单栏："修改" → "三维操作" → "三维旋转"

● 命令行：ROTATE3D

2．操作格式

命令:（输入命令）

当前的正向角度：ANGDIR = 逆时针　ANGBASE = 0（系统显示当前角度方向）

选择对象:（选择旋转对象）

选择对象:（按〈Enter〉键，结束选择，光标显示为 ）

指定基点:（指定旋转基点）

拾取旋转轴:（指定或捕捉任意轴作为旋转轴）

指定角的起点:（指定旋转角的起点，此时对象随着鼠标移动开始围绕旋转轴旋转）

指定角的端点：（旋转到合适位置时，单击鼠标左键结束旋转）

指定旋转角度后，系统完成旋转操作，如图 13-5b 所示。

13.2.2 阵列三维实体

该功能用于将指定对象在三维空间实现矩形和环形阵列，如图 13-6 所示。

图 13-6 阵列三维实体示例

a) 阵列前　b) 阵列后

1．输入命令

可以执行以下命令之一：

● 菜单栏："修改"→"三维操作"→"三维阵列"

● 命令行：3DARRAY

2．操作格式

命令：（输入命令）

选择对象：（选择要阵列的对象）

选择对象：（按〈Enter〉键结束选择）

输入阵列类型[矩形(R)/环形(P)]〈矩形〉：（按〈Enter〉键）

输入行数：（指定矩形阵列的行方向数值）

输入列数：（指定矩形阵列的列方向数值）

输入层数：（指定矩形阵列的 Z 轴方向层数）

指定行间距：（指定行间距）

指定列间距：（指定列间距）

指定层间距：（指定 Z 轴方向层与层之间的距离）

按〈Enter〉键，系统完成阵列操作，如图 13-6b 所示。

当选择"环形"，输入"P"时，系统提示：

输入阵列中的项目数目：（指定环形阵列复制数目）

指定要填充的角度（ + =逆时针， − =顺时针）〈360〉：（指定复制对象环绕的角度，默认值为 360）

旋转阵列对象？[是(Y)/否(N)]〈Y〉：（指定是否对所复制的对象进行旋转）

指定阵列的中心点：（指定旋转轴第一点）

指定旋转轴上的第二点：（指定旋转轴第二点）

13.2.3 镜像三维实体

当图形对称时，可以先绘制其对称的一半，然后利用镜像功能将三维实体按指定的三维平面作镜像处理来完成整个图形，如图 13-7 所示。

图 13-7 镜像三维实体示例
a) 镜像前 b) "YZ" 镜像平面的结果

1. 输入命令

可以执行以下命令之一：

- 菜单栏："修改" → "三维操作" → "三维镜像"
- 命令行：MIRROR3D

2. 操作格式

命令：（输入命令）

选择对象：（选择要镜像的对象）

选择对象：（按〈Enter〉键，结束选择）

指定镜像平面（三点）的第一点或[对象(O)/最近的(L)/Z 轴(Z)/视图(V)/XY 平面(XY)/YZ 平面(YZ)/ZX 平面(ZX)/三点(3)]〈三点〉：（指定镜像平面第 1 点或选项）

在镜像平面上指定的第二点：（指定镜像平面第 2 点）

在镜像平面上指定的第三点：（指定镜像平面第 3 点）

是否删除源对象？[是(Y)/否(N)]〈否〉：（确定是否保留镜像源对象）

3. 选项说明

命令中各选项功能如下。

"对象"：用于选取圆、圆弧或二维多段线等实体所在的平面作为镜像平面，选择该项后系统提示：

选择圆、圆弧或二维多段线：（选取某线段所在平面作为镜像平面）

是否删除源对象？[是(Y)/否(N)]〈否〉：（确定是否保留镜像操作源对象）

"最近的"：用最近一次定义的镜像平面作为当前镜像面进行操作。

"Z 轴"：用于指定平面上的一个点和平面法线上的一个点来定义镜像平面。选择该项后，系统提示：

在镜像平面上指定点：（指定一点作为镜像平面上的点）

在镜像平面上的 Z 轴（法向）上指定点：（指定另一点，使该点与镜像平面上一点的连线垂直于镜像平面）

"视图"：用于将镜像平面与当前视口中通过指定点视图平面对齐。选择该项后系统提示："在视图平面上指定点〈0,0,0〉："，即在当前视图中指定一点。

"XY/YZ/ZX/"：镜像平面通过用户定义的适当的点，同时，该镜像平面平行于 XY、YZ 或 ZX 面中的某一平面。

"三点"：用于以拾取点方式指定三点定义镜像平面。

13.2.4 剖切三维实体

该命令用于切开实体并移去指定部分来创建新的实体，如图 13-8 所示。

a)   b)

图 13-8 剖切三维实体示例

a) 剖切前 b) 剖切后

1. 输入命令

可以执行以下命令之一：

● 菜单栏："修改"→"三维操作"→"剖切"

● 命令行：SLICE

2. 操作格式

命令：（输入命令）

选择要剖切的对象：（指定要剖切的对象）

选择要剖切的对象：（按〈Enter〉键，结束选择）

指定切面的起点或[平面对象(O)/曲面(S)/Z 轴(Z)/视图(V)/XY/YZ/ZX/三点(3)]〈三点〉：（指定切面上的第一个点或选项确定剖切面）

指定平面上的第二个点：（指定切面上的第二个点）

指定平面上的第三个点：（指定切面上的第三个点）

在所需的侧面上指定点或[保留两个侧面(B)] <保留两个侧面>：（指定剖切后的保留部分）

3. 选项说明

命令中各选项功能如下。

● "平面对象"：用于将剖切面与圆、椭圆、圆弧、二维样条曲线或二维多段线对齐。

选择该项后系统提示：

选择圆、椭圆、圆弧、二维样条曲线或二维多段线：（选取线段实体所在平面以确定剖切面）

在所需的侧面上指定点或[保留两个侧面(B)]：（指定剖切后要保留的部分）

"在所需的一侧指定点"表示实体剖切后只保留其中的一半（默认设置）。用户单击要保留的那一半实体，这一半实体将被保留下来，另一半则被删除掉。

"保留两侧(B)"表示剖切后得到的两部分实体。

- "Z 轴"：用于通过在平面上指定一点和在平面上的 Z 轴（法线）上指定另一点来确定剖切平面。选择该项后系统提示：

指定剖切面上的点：（指定剖切面上的任一点）

指定平面 Z 轴（法向）上的点：（指定剖切面外的一点，使它和剖切面上点的连线垂直于剖切面）

在所需的侧面上指定点或[保留两个侧面(B)]：（确定剖切后对象的保留方式）

- "视图"：用于将剖切面平行于当前视图的观测平面，且指定一个点确定剖切面的位置。选择该项后系统提示：

指定当前视图平面上的点〈0,0,0〉：（指定当前视图平面上的任一点）

在所需的侧面上指定点或[保留两个侧面(B)]：（指定剖切后对象的保留部分）

- "曲面"：选择该项后可以根据系统的提示，选取曲面来作为剖切平面。

- "XY/YZ/ZX"：表示用与当前 UCS 的 XY、YZ、ZX 面平行的平面作为剖切面，选择后提示：

指定 XY 平面上的点<0,0,0>：（指定剖切面上的任一点）

在所需的侧面上指定点或[保留两个侧面(B)]：（指定剖切后对象的保留方式）

- "三点"：用于以三点确定剖切面。选择该项后系统提示：

指定平面上的第一个点：（利用捕捉功能指定剖面上第一个点）

指定平面上的第二个点：（利用捕捉功能指定剖面上第二个点）

指定平面上的第三个点：（利用捕捉功能确定剖面上第三个点）

在所需的侧面上指定点或[保留两个侧面(B)]：（指定剖切后对象的保留部分）

选项后，三维实体剖切结果如图 13-8 所示。

13.2.5 对齐实体

该功能用于移动指定对象，使其与另一对象对齐，如图 13-9 所示。

图 13-9　对齐实体示例

a) 对齐前　b) 对齐后

1. 输入命令

可以执行以下命令之一：

214

- "建模" 工具栏:
- 菜单栏: "修改" → "三维操作" → "对齐"
- 命令行: ALIGN

2. 操作格式

命令: （输入命令）

选择对象: （指定要改变位置"源"的对象）

选择对象: （按〈Enter〉键，结束选择）

指定第一个源点: （指定要改变位置的对象上的某一点）

指定第一个目标点: （指定被对齐对象上的相应目标点）

指定第二个源点: （指定要移动的第 2 点）

指定第二个目标点: （指定移动到相应的目标点）

指定第三个源点或〈继续〉: （按〈Enter〉键结束指定点）

是否基于对齐点缩放对象? [是(Y)否(N)] 〈否〉: （指定基于对齐点是否缩放对象）

3. 说明

对齐对象时，源对象的 3 个选择点(a b c)应与目标对象的 3 个选择点(d e f)对应，其中的一对点应确定对齐方向，如 b 点和 e 点，如图 13-9 所示。

13.2.6 三维实体倒角

该功能用于三维实体倒角，如图 13-10 所示。

a)   b)

图13-10 三维实体倒角示例

a) 倒角前 b) 倒角后

1. 输入命令

可以执行以下命令之一:

- 工具栏: ⌐
- 菜单栏: "修改" → "倒角"
- 命令行: CHAMFER

2. 操作格式

命令: （输入命令）

（"修剪"模式）当前倒角距离 1=10，距离 2=10

选择第一条直线或[放弃(U)/多段线(P)/距离(D)/角度(A)/修剪(T)/方式(M)/多个(U)]: （选择实体前表面的一条边）

基面选择…

输入曲面选择选项[下一个(N)/当前(OK)]〈当前(OK)〉：（选择需要倒角的基面）

输入曲面选择选项[下一个(N)/当前(OK)]〈当前(OK)〉：（按〈Enter〉键）

指定基面倒角距离〈10.0000〉：（指定基面倒角距离）

指定其他曲面倒角距离〈10.0000〉：（指定其他曲面倒角距离或按〈Enter〉键）

选择边或[环(L)]：（单击前面所有要倒角的四条边）

选择边或[环(L)]：（按〈Enter〉键结束目标选择）

图 13-10 为三维实体倒角后经过消隐的结果。

3. 选项说明

命令中的选项功能如下。

"环"：用于对基面所有的边倒角。

"边"：用于对指定基面上的一条边进行倒角，也可以一次选择多条边进行倒角。

13.2.7 三维实体倒圆角

该功能用于三维实体倒圆角，如图 13-11 所示。

1. 输入命令

可以执行以下命令之一：

● 工具栏：

● 菜单栏："修改"→"倒圆角"

● 命令行：FILLET

2. 操作格式

命令：（输入命令）

当前设置：模式=修剪，半径=10

选择第一个对象或[放弃(U)/多段线(P)/半径(R)/修剪(T)/多个(M)]：（选择实体上要加圆角的边）

输入圆角半径〈10.00.00〉：（输入圆角半径）

选择边或[链(C)/半径(R)]：（指定其他要倒圆角的边）

执行命令后，三维实体倒圆角如图 13-11 所示。

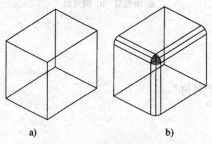

a)   b)

图13-11　三维实体倒圆角示例

a) 倒圆角前　b) 倒圆角后

3. 选项说明

命令中各选项功能如下。

216

"链"：用于链形选择。选择该项后系统提示："选择边链或[边(E)/半径(R)]:"选择一条边后，以此边为起始边，与其所有首尾相连的边都会被选中。

"半径(R)"：用于指定倒圆角的半径。

13.3 显示三维实体

在模型空间中，为了让用户更好地观察三维实体，AutoCAD 提供了用不同方式，从不同位置观察图形的功能，如视点、动态观察和消隐等。

13.3.1 设置视点

视点功能可以从任意方向观察三维对象。用户可以通过 VPOINT 命令，直接使用键盘输入视点空间矢量，此时视图被定义为从空间向原点(0,0,0)方向观察。

1．输入命令

可以执行以下命令之一：

● 菜单栏："视图" → "三维视图" → "视点"

● 命令行：VPOINT

2．操作格式

命令：（输入命令）

指定视点或[旋转(R)]〈显示坐标球和三轴架〉：（指定视点或选项）

输入新的观察点坐标确定观察方向。

3．选项说明

命令中各选项功能如下。

● "旋转"：用于使用两个角度指定新的方向。选择该项后，系统提示：

输入 XY 平面中与 X 轴的夹角〈当前值〉：（指定一个在 XY 平面中与 X 轴的夹角）

输入与 XY 平面的夹角〈当前值〉：（指定一个与 XY 平面的夹角，位于 XY 平面的上方或下方）

● "显示坐标球和三轴架"：如果在开始提示后按〈Enter〉键，或通过菜单执行，将在屏幕上出现如图 13-12 所示的坐标球和三轴架。

在屏幕右上角的坐标球是一个球体的三维显示。中心点是北极(0,0,n)，其内环是赤道(n,n,0)，整个外环是南极(0,0,-n)，坐标球上出现一个小十字光标，可以使用定点设备将十字光标移动到球体的任何位置上。当移动光标时，三轴架根据坐标指示的观察方向旋转。如果要选择一个观察方向，将光标移动到球体的合适位置单击鼠标即可。

图 13-12　显示坐标球和三轴架示例

13.3.2 设置动态视点

该功能确定观察位置在 XY 平面上的角度以及平面之间的夹角。

1．输入命令

可以执行以下命令之一：

● 菜单栏："视图"→"三维视图"→"视点预置"

● 命令行：DDVPOINT

2．操作格式

命令：（输入命令）

执行命令后，打开"视点预置"对话框，如图13-13所示。

图13-13　"视点预置"对话框

该对话框各选项功能如下：

"绝对于WCS"单选钮：用于将视点设置为绝对坐标（世界坐标）系统方位。

"相对于UCS"单选钮：用于将视点设置为用户坐标系统方位。

"观察角度设置区"：通过鼠标直接在区域中设置 XY 平面上的角度以及相对于 XY 平面的角度。

"自 X 轴"文本框：用于显示左侧区域设置的角度，也可以直接输入相应的值，即在左侧区域显示设置结果。

"自 XY 平面"文本框：用于显示右侧区域中设置的角度，可以直接输入相应的值，即在上方通过指针显示设置结果。

"设置为平面视图"按钮：用于恢复成与 X 轴成270°和与 XY 平面成90°的视点。

13.3.3　观察平面视图

该功能用于将当前视图设置为平面视图。

1．输入命令

可以执行以下命令之一：

● 菜单栏："视图"→"三维视图"→"平面视图"

● 命令行：PLAN

2．操作格式

命令：（输入命令）

输入选项[当前 UCS (C)/UCS (U)/世界(W)]〈当前 UCS〉：（选项后将重新生成模型）

用户根据需要可以选择当前 UCS、已定义的 UCS 或 WCS 的平面视图进行观察。

13.3.4 标准视图

通过视图中的正交选项，可以快捷地进入标准视图。标准视图包括了 6 个方向的正视图和 4 个方向的轴测图。

1．输入命令

可以执行以下命令之一：

● "视图"工具栏：如图 13-14 所示。

图 13-14 "视图"工具栏示例

● 菜单栏："视图"→"三维视图"→"俯视图、仰视图、左视图、右视图、主视图、后视图、西南等轴测、东南等轴测、东北等轴测、西北等轴测"。

2．操作格式

当输入命令后，可以在"命令行"选择"正交"、"恢复"、"保存"或"设置"等选项，系统将其置为当前视图。

13.3.5 消隐

为了较直观的显示主体效果，AutoCAD 可以通过消隐方法将其他对象遮挡的图线隐藏，即通过不透明的表面将其后的不可见轮廓线隐藏。

1．输入命令

可以执行以下命令之一：

● 菜单栏："视图"→"消隐"或"视图"→"视觉样式"→"三维隐藏"。

● 命令行：HIOE

2．操作说明

执行命令后，系统自动对当前视图区的三维对象进行消隐，如图 13-15 所示。如果图层被冻结或关闭，则不能进行消隐操作。

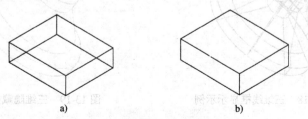

a)　　　　　　　　　　　　　b)

图13-15 三维实体"消隐"示例

a) 实体消隐前 b) 实体消隐后

13.3.6 视觉样式

"视觉样式"是一组设置，用来控制视口中模型的边和着色的显示。更改视觉样式的特性或其设置，就可以在视口中查看效果。通过"视觉样式"工具栏，如图 13-16，和"视图"菜单对应的"视觉样式"子菜单，如图 13-17，可进行实体的视觉样式操作。

图 13-16 "视觉样式"工具栏

图 13-17 "视觉样式"子菜单

菜单中各选项及工具栏中对应的按钮功能如下：

1. 二维线框

该选项用于将三维图形用表示图形边界的直线和曲线以二维形式显示。

2. 三维线框

该选项用于将三维图形以三维线框模式显示。单击该选项后，当前三维对象即以三维线框模式显示，如图 13-18 所示。

3. 三维隐藏

该选项以三维线框模式显示对象并消去后面隐藏线（不可见线）。单击该选项后，当前三维对象即消隐，如图 13-19 所示。

图 13-18 三维线框显示示例

图 13-19 三维隐藏显示示例

4. 真实

该选项用于使对象实现真实着色。真实着色只对三维对象的各多边形面着色，对面的边界做光滑处理，并显示对象的材质。单击该选项后，即对当前三维对象实现真实着色，如图 13-20 所示。

5. 概念

该选项不仅对各多边形面着色，而且还对它们的边界做光滑处理。并使用一种冷色和暖色之间的过渡而不是从深色到浅色的过渡，一定程度上效果缺乏真实感，但是可以更方便地查看模型的细节，如图 13-21 所示。单击该选项后，即对当前三维对象实现概念化着色，如图 13-21 所示。

图 13-20　三维对象真实着色示例　　　图 13-21　三维对象概念化着色示例

6. 视觉样式管理器

"视觉样式管理器"用于显示图形中可用的视觉样式的样例图像。当在"视觉样式"工具栏中单击按钮或在命令行输入 VISUALSTYLES 命令，系统打开"视觉样式管理器"对话框，如图 13-22 所示。选定的视觉样式在管理器中用黄色边框表示，其面、环境、边的设置显示在样例图像下方的列表框中。

图 13-22　"视觉样式管理器"对话框

13.3.7　其他显示效果变量

三维模型的显示效果和一些变量的设置有关。这里介绍两个变量：FACETRS 和 ISOLINES。

1. FACETRES 变量

FACETRES 变量用于控制表达曲面的小平面数。在使用消隐、着色、渲染模式显示时，实体对象的每一面均由很小的平面来代替，当代替的平面越多时，显示就越平滑。FACETRES 变量的默认值为 0.5，可选范围为 0.01~10，数值越高，显示的表面越光滑。图 13-23 为 FACETRES 变量不同设置时消隐后的观察效果。

a)　　　　　　　　　　　　　b)

图13-23　设置FACETRES变量示例

a) FACETRES 变量为 0.5 时　b) FACETRES 变量为 8 时

2. ISOLINS 变量

ISOLINS 变量用于控制曲面的轮廓素线数量。其有效范围为 0～2047，默认值为 4。增加轮廓素线数量，可以提高立体感，如图 13-24 所示。

a)   b)

图13-24 设置ISOLINS变量示例

a) ISOLINS 变量为 4 时   b) ISOLINS 变量为 8 时

3. FACETRES 变量和 ISOLINS 变量的设置

利用 AutoCAD 2007 提供的"选项"对话框中的"显示"选项卡，可以设置 FACETRES 变量和 ISOLINS 变量，如图 13-25 所示。

图 13-25 "选项"对话框中的"显示"选项卡

在"显示"选项卡的"显示精度"选项组中，"渲染对象的平滑度"文本框用于设置 PACETRES 变量；"曲面轮廓素线"文本框用于设置 ISOLINS 变量。

13.4 动态观察

动态观察可以动态地操作三维对象的交互式视图。单击鼠标右键打开快捷菜单，选择"动态观察"命令，可以打开"动态观察"工具栏如图 13-26 所示。动态观察有三种形式：受约束的动态观察、自由动态观察、连续动态观察。

13.4.1　受约束的动态观察

"受约束的动态观察"在操作时，受沿 XY 平面或 Z 轴的约束。

1. 输入命令

可以执行以下命令之一：

- "动态观察"工具栏：
- 菜单栏："视图"→"动态观察"→"受约束的动态观察"
- 命令行：3DORBIT

图13-26　"动态观察"工具栏

2. 操作说明

执行命令后，光标呈 ⊕ 状，单击并拖动光标，可以动态地观察对象，但三维动态观察受沿 XY 平面或 Z 轴约束。

按〈Esc〉键、按〈Enter〉键或单击鼠标右键，打开快捷菜单，选择"退出"命令，可以退出动态观察。

13.4.2　自由动态观察

"自由动态观察"不参照平面，可以在任意方向上进行动态观察。沿 XY 平面和 Z 轴进行动态观察时，视点不受约束。

1. 输入命令

"动态观察"工具栏： ⊘

菜单栏："视图"→"动态观察"→"自由动态观察"

命令行：3DFORBIT

2. 操作说明

执行命令后，在屏幕上出现如图 13-27 所示的转盘图形，此图形即为三维动态观察器

图 13-27　"三维动态观察器"示例

视图的旋转由下列光标的外形和位置决定。

（1）两条线环绕的球状 ⊕

在转盘之内移动光标时，光标形状变为外面环绕两条线的小球状。如果单击并拖动光标，可以自由移动对象。其效果就像光标抓住环绕对象的球体，并围绕目标点（转盘中心）进行拖动一样。可以水平、垂直或对角拖动。

（2）圆形箭头 ⊙

在转盘之外移动光标时，光标的形状变为圆形箭头，在转盘外部单击并在转盘的外部拖动光标，将使视图围绕延长线通过转盘的中心并垂直于屏幕的轴旋转，即卷动。如果将光标

移动到转盘内部，它将变为外面环绕两条线的球形，并且视图可以自由移动，如果将光标移回到转盘外部，则返回卷动状态。

（3）水平椭圆 ⊕

当光标移动到转盘左右两边的小圆上时，光标的形状变为水平椭圆，从这些点开始单击并拖动光标，将使视图围绕通过转盘中心的垂直轴（X 轴）旋转。

（4）垂直椭圆 ⊖

当光标移动到转盘上下两边的小圆上时，光标的形状变为垂直椭圆。从这些点开始单击并拖动光标，将使视图围绕通过转盘中心的水平轴（Y 轴）旋转。

（5）退出三维动态观察

按〈Esc〉键、按〈Enter〉键或单击鼠标右键，打开快捷菜单，选择"退出"命令，即退出三维动态观察。

13.4.3 连续动态观察

"连续动态观察"可以沿指定方向连续地进行动态观察。

1. 输入命令

可以执行以下命令之一：

● "动态观察"工具栏：🖼

● 菜单栏："视图"→"动态观察"→"连续动态观察"

● 命令行：3DCORBIT

2. 操作说明

执行命令后，光标呈 ⊗ 状，在绘图区单击或沿任何方向拖动光标指针，可以使对象沿着拖动的方向开始移动，然后释放鼠标按钮，对象将在指定的方向沿着轨道连续移动。

按〈Esc〉键、按〈Enter〉键或单击鼠标右键，打开右键菜单，选择"退出"命令，可以退出动态观察。

13.5 使用相机

AutoCAD 2007 提供了一个新的观察三维图形工具——相机。可以在模型空间放置相机来定义三维视图。

13.5.1 创建相机

创建相机步骤如下：

1. 输入命令

可以执行以下命令之一：

● "视图"工具栏：📷

● 菜单栏："视图"→"创建相机"

● 命令行：CAMERA

2. 操作格式

命令：

当前相机设置: 高度= 0 镜头长度= 50 mm

指定相机位置: (在图形中单击以指定相机位置)

指定目标位置: (在图形中单击以指定目标位置)

输入选项[?/名称(N)/位置(LO)/高度(H)/目标(T)/镜头(LE)/剪裁(C)/视图(V)/退出(X)]〈退出〉:

可以选项对相机进行设置或按〈Enter〉键结束命令。

3. 选项说明

各选项含义如下:

"位置": 用于指定观察三维模型的起点。可以把该位置作为用户观看三维模型所处的位置, 以及观看目标位置的视点。

"目标": 用于通过在视图中心指定坐标来确定察看的点。

"镜头": 用于指定用度数表示的视野。镜头长度越大, 视野越窄。

"剪裁": 用于指定剪裁平面的位置。在相机视图中, 相机和前向剪裁平面之间的任何对象都是隐藏的。同样, 后向剪裁平面之间的任何对象也都是隐藏的。

13.5.2 相机预览

在视图中创建相机后, 在指定的位置上显示相机图标, 单击相机图标, 将打开 "相机预览"对话框。在预览栏中显示了使用相机观察到的视图效果。在 "视觉样式"下拉列表框中, 可以设置预览窗口中图形的视觉样式, 如图 13-28 所示。

图 13-28　相机预览的 "概念"和 "三维隐藏"视觉样式示例

另外, 选择 "视图"→"相机"→"调整视距"命令或 "视图"→"相机"→"回旋"命令, 也可以在视图中直接观察图形。

13.5.3 运动路径动画

使用运动路径动画 (例如模型的三维动画穿越漫游) 可以为用户形象地演示模型。可以录制和回放导航过程, 以动态传达设计意图。

1. 输入命令

可以执行以下命令之一:

● 菜单栏: "视图"→"运动路径动画"

● 命令行: ANIPATH

● 执行命令后, 系统打开 "运动路径动画"对话框, 如图 13-29 所示。对话框中各选项含义如下：

2. 选项说明

"相机"选项组：用于设置相机链接到的点或路径，使相机位于指定观察图形或沿路径观察图形。

"目标"选项组：用于设置相机目标链接到的点或路径。

"动画设置"选项组：用于设置动画的帧率、帧数、持续时间、分辨率、动画输出格式等选项。

当设置结束，单击"预览"按钮，将打开"动画预览"对话框，可以预览动画播放效果，如图 13-30 所示。

图 13-29　"运动路径动画"对话框　　　　　　图 13-30　"动画预览"对话框

13.5.4　漫游与飞行

在 AutoCAD 2007 中，可以在漫游或飞行模式下，通过键盘和鼠标来控制视图现实和创建导航动画。操作方法如下：

1. 输入命令

可以执行以下命令之一：

- "漫游与飞行"工具栏：![icon]或![icon]
- 菜单栏："视图"→"漫游与飞行"→"漫游"或"飞行"
- 命令行：3DORBIT

执行命令后，系统同时打开"定位器"选项板和"三维漫游导航映射"对话框，如图 13-31 所示。

2. 选项说明

"定位器"选项板的功能类似于地图。

"预览"显示框：用于显示对象的二维视图，指示器显示了当前用户在模型中所处的位置，通过拖动可以改变指示器的位置。

"基本"选项组：用于设置位置指示器的颜色、尺寸、闪烁；目标指示器的开启状态、颜色以及预览透明度和预览视觉样式。

在"三维漫游导航映射"对话框中，显示了用于导航的快捷键及其对应的功能。

图 13-31 "定位器"选项板和"三维漫游导航映射"对话框

13.6 上机练习

1. 编辑三维实体

（1）要求

根据 13.2 节介绍的方法，编辑三维实体。

（2）内容

① 如图 13-5 所示，绘制"三棱柱"实体，并对实体进行旋转编辑。

② 如图 13-6 所示，绘制"圆锥"实体，并对实体进行阵列编辑。

③ 如图 13-7 所示，绘制"三棱柱"实体，并对实体进行镜像编辑。

④ 如图 13-8 所示，绘制"圆筒"实体，并对实体进行剖切编辑。

⑤ 如图 13-9 所示，对"圆筒"剖切实体进行对齐编辑。

⑥ 如图 13-10 所示，绘制"棱柱"实体，并对实体创建倒角。

⑦ 如图 13-11 所示，绘制"棱柱"实体，并对实体倒圆角。

2. 使用相机观察图形

（1）要求

根据 13.5 节介绍的方法，创建相机，设置相机的名称、
位置、高度、焦距等，并对实体进行观察。

图 13-32 打开图形示例

（2）操作步骤

首先打开如图所示的图形或创建图形，如图 13-32 所示。

① 选择"视图"→"创建相机"命令

② 指定相机位置：（输入相机坐标值或在图形的相应位置单击鼠标以指定相机位置）

③ 指定目标位置：（输入目标坐标值或单击目标对象的中心点以指定目标位置）

④ 输入选项[?/名称(N)/位置(LO)/高度(H)/目标(T)/镜头(LE)/剪裁(C)/视图(V)/退出(X)]
〈退出〉：（输入"N"）

⑤ 输入新相机的名称 <相机1>：（默认名称"相机 1"，按〈Enter〉键）

⑥ 输入选项[?/名称(N)/位置(LO)/高度(H)/目标(T)/镜头(LE)/剪裁(C)/视图(V)/退出(X)]
〈退出〉：（输入"H"）

⑦ 指定相机高度 <0>：（输入 100）

⑧ 输入选项[?/名称(N)/位置(LO)/高度(H)/目标(T)/镜头(LE)/剪裁(C)/视图(V)/退出(X)]〈退出〉：（输入"LE"）

⑨ 以毫米为单位指定镜头长度 <50>：（输入 25）

⑩ 输入选项[?/名称(N)/位置(LO)/高度(H)/目标(T)/镜头(LE)/剪裁(C)/视图(V)/退出(X)]〈退出〉：（按〈Enter〉键结束命令）

结束创建相机命令后，单击相机图标，打开"相机预览"对话框，即可对实体进行观察，如图 13-33 所示。如果观察角度不理想，可以单击并拖动相机图标或菱形夹点，来改变相机的高度和位置，拖动三角形夹点可以改变镜头长度，如图 13-34 所示。

图 13-33 "相机预览"对话框

图 13-34 相机与目标示例

13.7 习题

1. 利用编辑命令对三维实体进行编辑。

2. 将系统变量 FACETRES 变量和 ISOLINS 变量设置成不同的值，进行视觉样式设置。来观察实体的显示效果，如图 13-35 所示。

图 13-35 三维实体系统变量设置及视觉样式示例

a) 三维对象显示示例 b) 对象视觉样式示例

3. 通过不同视口对实体进行动态观察，并练习创建相机，进行相机观察。

第14章 输出图形

使用 AutoCAD 绘制好的图形，可以用打印机或绘图机输出。输出图形可以在模型空间进行，如果要输出多个视图或添加标题栏等，则应在布局（图纸空间）中进行。

本章将介绍如何把在计算机上绘制的工程图从打印机或绘图仪上输出，即打印出工程图。

14.1 模型空间与图纸空间

模型空间是指用户在其中进行的设计绘图的工作空间，图纸空间主要用于完成绘图输出的图纸最终布局及打印。

本节介绍模型空间与图纸空间的概念。

14.1.1 模型空间

模型空间是指用户在其中进行设计绘图的工作空间。在模型空间中，用创建的模型来完成二维或三维物体的造型，标注必要的尺寸和文字说明。系统的默认状态为模型空间。当在绘图过程中，只涉及一个视图时，在模型空间即可以完成图形的绘制、打印等操作。

14.1.2 图纸空间

图纸空间（又称为布局）可以看作是由一张图纸构成的平面，且该平面与绘图区平行。图纸空间上的所有图纸均为平面图，不能从其他角度观看图形。利用图纸空间，可以把在模型空间中绘制的三维模型在同一张图纸上以多个视图的形式排列（如主视图、俯视图、剖视图），以便在同一张图纸上输出它们，而且这些视图可以采用不同的比例。而在模型空间则无法实现这一点。

14.2 平铺视口与浮动视口

本节介绍平铺视口与浮动视口的概念。

14.2.1 平铺视口

视口是指在模型空间中显示图形的某个部分的区域。对较复杂的图形，为了比较清楚地观察图形的不同部分，可以在绘图区域上同时建立多个视口进行平铺，以便显示几个不同的视图。如果创建多视口时的绘图空间不同，所得到的视口形式也不相同，若当前绘图空间是模型空间，创建的视口称为平铺视口，若当前绘图空间是图纸空间，则创建的视口称之为浮动视口。AutoCAD 2007 提供了"视口"工具栏用来修改和编辑视口，如图 14-1 所示。只有当前视口可以修改和编辑。下面介绍平铺视口的创建。

图 14-1 "视口"工具栏

1. 输入命令

可以执行以下命令之一：

- "视口"工具栏：
- 菜单栏："视图"→"视口"→"新建视口"
- 命令行：VPORTS

2. "视口"对话框功能说明

输入命令后，打开"视口"对话框，如图 14-2 所示。对话框中各选项的功能如下。

（1）"新建视口"选项卡

"新名称"文本框：用于输入新建视口的名称。如果没有指定视口的名称，则此视口将不被保存。

"标准视口"列表框：用于选择标准配置名称，可将当前视口分割平铺。例如选择"三个：右"选项，视口将平铺为右侧一个视口，左侧两个视口。

"预览"窗口：用于预览选定的视口配置（即绘图区的视口个数）。用单击方式选择窗口内某个视口，可将它置为当前视口。

"应用于"下拉列表框：用于选择"显示"选项还是"当前视口"选项。

"设置"下拉列表框：可在"二维"、"三维"选项中选择，"三维"可进行二维平铺视口；"三维"可进行三维视口。

"修改视图"下拉列表框：用于所选的视口配置代替以前的视口配置。

"视觉样式"下拉列表框：用于将"二维线框"、"三维线框"、"三维隐藏"、"概念"、"真实"等视觉样式用于视口。

（2）"命名视口"选项卡

"当前名称"文本框：用于显示当前命名视图的名称。

"命名视口"列表框：用于显示当前图形中保存的全部视口配置。

"预览"窗口：用于预览当前视口的配置，如图 14-3 所示。

图 14-2　模型空间的"视口"对话框　　图 14-3　显示"命名视口"选项卡的"视口"对话框

3. 平铺视口的特点

① 视口是平铺的，它们彼此相邻，大小、位置固定，且不能重叠。

② 当前视口（激活状态）的边界为粗边框显示，光标呈十字形，在其他视口中呈小箭头状。

230

③ 只能在当前视口进行各种绘图、编辑操作。

④ 只能将当前视口中的图形打印输出。

⑤ 可以对视口配置命名保存，以备以后使用。

14.2.2　浮动视口

在图纸空间（布局）可以创建多个视口，这些视口称为浮动视口。

下面介绍浮动视口的创建。

1. 输入命令

可以执行以下命令之一：

● "视口"工具栏：⊞

● 命令行：VPORTS

● 如果在图纸空间执行命令后，打开"视
口"对话框，如图 14-4 所示。此对
话框与图 14-2 所示的对话框相同。

2. 浮动视口的特点

① 视口是浮动的。各视口可以改变位
置，也可以相互重叠。

② 浮动视口位于当前层时，可以改变

图 14-4　图纸空间的"视口"对话框

视口边界的颜色，但线型总为实线，可以采
用冻结视图边界所在图层的方式来显示或不打印视口边界。

③ 可以将视口边界作为编辑对象，进行移动、复制、缩放、删除等编辑操作。

④ 可以在各视口中冻结或解冻不同的图层，以便在指定的视图中显示或隐藏相应的图
形，尺寸标注等对象。

⑤ 可以在图纸空间添加注释等图形对象。

⑥ 可以创建各种形状的视口。

14.2.3　浮动视口设置

1. 设置多个规则视口

该功能可以在模型空间和图纸空间布局中使用。其操作步骤如下：

① 输入命令：在"视口"工具栏单击"⊞"或在命令行输入："VPORTS"。

② 输入命令后，打开"视口"对话框，如图 14-2 所示。在"新名称"文本框中输入要
选择的视口名称，选择视口个数和平铺方式，然后激活一个视口。

③ 在"设置"下拉列表框中选择"二维"时，可直接在"预览"窗口中单击各视口将
其激活；在"设置"下拉列表框中选择"三维"时，可以在"修改视图"下拉列表框中改变
被选视图的视口。可以选择的视口为："当前、俯视、仰视、主视、后视、左视、右视、西
南等轴测、东南等轴测、东北等轴测、西北等轴测。"

④ 单击"确定"按钮，完成视图切换为多个视图。

2. 设置单个视口或将对象转换为视口

该功能可以在图纸空间布局中使用。其操作步骤如下：

① 输入命令：单击"视口"工具栏"单个视口"按钮 ▣ 或在屏幕上创建一个矩形或圆的封闭线框，单击"将对象转换为视图"按钮 ▣，选择矩形或圆的封闭线框，按〈Enter〉键完成转换。

② 单击"视口"工具栏"单个视口"按钮 ▣，根据提示指定矩形的角点、对角点，生成单个视口，视口内是当前图形。

3．设置多边形视口

该功能可以在图纸空间创建多边形视口。

① 输入命令：单击"视口"工具栏"多边形视口"按钮 ▣ 或在屏幕上用多段线创建一个封闭线框，单击"将对象转换为视口"按钮，选择多边形，按〈Enter〉键后完成转换。

② 单击工具栏"多边形视口"按钮 ▣，根据提示指定视口的起始点、下一点…，完成多边形视口。

14.2.4 视口图形比例设置

打印输出时，常常需要设置输出比例。可以在各自的视口中设置不同的输出比例。

在视口内单击鼠标左键，该视口变为当前视口。从"视口"工具栏中的"比例"下拉列表框（如图 14-1 所示）中选择该视图的比例，再在视口外双击鼠标左键，则设置完毕。在输出打印前，为了防止图形的放大或缩小，可以点选该视口，单击鼠标右键，在打开的快捷菜单中选择"显示锁定"命令，再选择"是"即可。

14.3 模型空间输出图形

在模型空间中，不仅可以完成图形的绘制、编辑，同样可以直接输出图形。下面介绍输出方法及有关设置。

1．打印输出命令的输入

可以执行以下命令之一：

● 工具栏：▧

● 菜单栏："文件"→"打印"

● 命令行：PLOT

在模型空间中执行命令后，打开"打印-模型"对话框，如图 14-5 所示。

2．"打印"对话框各选项说明

在该对话框中，包含了"页面设置"、"打印机/绘图仪"、"打印区域"、"打印偏移"、"打印比例"等选项组和"图纸尺寸"下拉列表框、"打印份数"文本框以及"预览"按钮等。

（1）"页面设置"选项组

"名称"下拉列表：用于选择已有的页面设置。

"添加"按钮：用于打开"用户定义页面设置"对话框，用户可以新建、删除、输入页面设置。

（2）"打印机/绘图仪"选项组

"名称"下拉列表框：用于选择已经安装的打印设备。名称下面的信息为该打印设备的部分信息。

"特性"按钮：用于打开"绘图仪配置编辑器"对话框，如图 14-6 所示。

图 14-5 "打印-模型"对话框　　　　　图 14-6 "打印机配置编辑器"对话框

选择"自定义特性"，可以设置"纸张、图形、设备选项"。其中包括了图纸的大小、方向，打印图型的精度、分辨率、速度等内容。

（3）"图纸尺寸"下拉列表框

该下拉列表框用于选择图纸尺寸。

（4）"打印区域"选项组

"打印范围"下拉列表框：在打印范围内，可以选择打印的图形区域。

（5）"打印偏移"选项组

"居中打印"复选框：用于居中打印图形。

"X"、"Y"文本框：用于设定在 X 和 Y 方向上的打印偏移量。

（6）"打印份数"

"打印份数"文本框：用于指定打印的份数。

（7）"打印比例"选项组

"打印比例"选项组用于控制图形单位与打印单位之间的相对尺寸，打印布局时，默认缩放比例设置为 1:1。从"模型"选项卡打印时，默认设置为"布满图纸"。

"比例"下拉列表框：用于选择设置打印的比例。

"单位"文本框：用于自定义输出单位。

"缩放线宽"复选框：用于控制线宽输出形式是否受到比例的影响。

（8）"预览"按钮

"预览"按钮：用于预览图形的输出结果。

14.4 图纸空间输出图形

通过图纸空间（布局）输出图形时可以在布局中规划视图的位置和大小。

在布局中输出图形前，仍然应先对要打印的图形进行页面设置，然后再输出图形。其输出的命令和操作方法与模型空间输出图形相似。

在图形空间执行 **PLOT** 命令后，打开"打印"对话框。该对话框与模型空间执行输出命令后打开的对话框中的选项功能类似。

14.5 打印管理

AutoCAD 2007 提供了图形输出的打印管理，包括打印选项设置、绘图仪管理和打印样式管理。

14.5.1 打印选项

如果要对打印环境修改设置时，可通过"打印"选项卡进行。

1．输出命令

可以执行以下命令之一：

- 菜单栏："工具"→"选项"
- 命令行：**OPTIONS**

2．操作格式

执行输入命令后，打开"选项"对话框，选择"打印和发布"选项卡，如图 14-7 所示。"打印和发布"选项卡包括默认打印设置、默认样式、基本打印选项等必要设定，用于控制在不进行任何设定的情况下默认的打印输出环境。

图 14-7　显示"打印和发布"选项卡的"选项"对话框　　图 14-8　"打印样式表设置"对话框

如果单击"添加或配置绘图仪"按钮，打开"绘图仪管理器"窗口，双击"添加打印机向导"图标，可以轻松添加打印机。双击打印机的配置文件.Pc3 图标，可以配置打印机。

如果单击"打印样式表设置"按钮，打开"打印样式表设置"对话框，如图 14-8 所示。

如果单击"打印戳记设置"按钮，打开"打印戳记"对话框，如图 14-9 所示。

"打印戳记"对话框用于指定打印戳记的信息。其对话框中的选项功能如下：

"打印戳记字段"选项组：用于指定要应用于打印戳记的图形信息。选定的字段由逗号和空格分开。

"图形名"复选框：在打印戳记信息中
包含图形名称和路径。

"布局名称"复选框：在打印戳记信息中
包含布局名称。

"日期和时间"复选框：在打印戳记信息
中包含日期和时间。

"登录名"复选框：在打印戳记信息中包
含 Windows 登录名。Windows 登录名包含在
LOGINNAME 系统变量中。

图 14-9   "打印戳记"对话框

"设备名"复选框：在打印戳记信息中包
含当前打印设备名称。

"图纸尺寸"复选框：在打印戳记信息中包含当前配置的打印设备的图纸尺寸。

"打印比例"复选框：在打印戳记信息中包含打印比例。

"预览"框：提供打印戳记位置的直观显示（基于在"高级选项"对话框中指定的位置
与方向值）。不能用其他方法预览打印戳记。这不是对打印戳记内容的预览。

"用户定义的字段"下拉列表框：用于提供打印时可选作打印、记录或既打印又记录的
文字。每个用户定义列表中选定的值都将被打印。例如，用户可能在一个列表中列出介质类
型或价格，而在另一个列表中列出工作名。如果用户定义值设置为〈无〉，则不打印用户定
义信息。

"添加/编辑"按钮：用于打开"用户定义的字段"对话框，如图 14-10 所示，在对话框
中可以添加、编辑或删除。

"打印戳记参数文件"文本框：用于将打印戳记信息存储在扩展名为.pss 的文件中。多
个用户可以访问相同的文件并基于公司标准设置打印戳记。

AutoCAD 提供两个 PSS 文件：Mm.pss 和 Inches.pss（位于 Support 文件夹中）。初始默
认打印戳记参数文件名由安装 AutoCAD 时操作系统的区域设置确定。

"加载"按钮：用于打开"打印戳记参数文件名"对话框，如图 14-11 所示，利用该对
话框可以快速打开和加载所选定的参数文件。

图 14-10   "用户定义的字段"对话框

图 14-11   "打印戳记参数文件名"对话框

"另存为"按钮：在新参数文件中保存当前打印戳记设置。

14.5.2 绘图仪管理器

对绘图仪的管理可以在 AutoCAD 内部进行，也可以在 Window 系统的控制面板中进行。在 AutoCAD 中直接指定输出设备的操作如下：

1. 输出命令

可以执行以下命令之一：

- 菜单栏："文件"→"绘图仪管理器"
- 命令行：PLOTTERMANGER

2. 操作格式

执行输入命令后，打开"绘图仪管理器"窗口，如图 14-12 所示。

图 14-12　"绘图仪管理器"窗口　　　　图 14-13　"打印样式管理器"窗口

14.5.3 打印样式管理器

打印样式控制了输出的结果样式，AutoCAD 提供了部分预先设置的打印样式，可以直接在输出时选用，也可以自定义打印样式。

1. 输出命令

可以执行以下命令之一：

- 菜单栏："文件"→"打印样式管理器"
- 命令行：STYLESMANAGER

2. 操作格式

执行输出命令后，打开"打印样式管理器"窗口，如图 14-13 所示。

在该窗口，显示了 AutoCAD 提供的输出样式。双击"添加打印样式表向导"图标，可以轻松添加打印样式，或者双击打印样式文件图标，可以配置打印样式。

14.6　上机练习

1. 设置视口

（1）要求

如图 14-14 所示创建长方体的三维视图，并练习多视口布局。

图 14-14　创建长方体的三维视图示例

（2）操作步骤

1）新建一张图

创建一张新图，进行绘图环境的初步设置。

2）设置多视口

输入命令："视图"→"视口"→"新建视口"，打开"视口"对话框。如图 14-15 所示设置 4 个视口。

在"设置"下拉列表框中选择"三维"。

先将要修改的视口设为当前视口，然后单击"修改视图"下拉列表框中的选项，将各视口依次设置为"主视图"、"俯视图"、"左视图"和"西南等轴测图"。

图 14-15　设置多视口示例

输入"UCSVP"命令，将"主视图"和"左视图"视口的 UCSVP 系统变量设置为"0"。（每个视口中的 UCS 都由 UCSVP 系统变量控制。如果某视口的 UCSVP 设置为 0，则此视口的 UCS 总是与当前的 UCS 相同。如果某视口的 UCSVP 设置为 1，默认值为 1，则此视口的 UCS 被锁定在该视口中上一次使用的 UCS，不随当前视口而改变。）

3）创建长方体模型

将"俯视图"视口设为当前视口。

输入命令："绘图"→"实体"→"长方体"。在俯视图视口中按提示依次指定：底面第一对角点、底面第二对角点、长方体高度。绘制结果如图 14-16 所示。

4）显示立体效果

将"西南等轴测"视口设为当前视口。

输入命令："视图"→"消隐"或"视图"→"视觉样式"→"三维隐藏"。

执行命令后，效果显示如图 14-17 所示。

图 14-16　创建长方体模型示例

图 14-17　显示消隐的长方体

5）显示着色效果

将西南等轴测视口设为当前视口。

输入命令："视图"→"视觉样式"→"概念"。

执行命令后，效果显示如图 14-18 所示。

图 14-18　显示实体效果的长方体

2. 打印输出图样

（1）要求

打印图样。

（2）操作步骤

① 输入"打印"命令，系统打开"打印-模型"对话框，如图14-5所示。

② 打印设置。

在"打印-模型"对话框中，对其"页面设置"、"打印区域"、"打印偏移"、"图纸尺寸"、"打印份数"各选项进行相应设置。

③ 打印预览。

打印设置后，应进行打印预览。预览后要退出时，应在该预览画面上单击鼠标右键，在打开的快捷菜单中选取"退出"选项，即可返回"打印-模型"对话框，或按〈Esc〉键退回，如预览效果不理想可进行修改设置。

④ 打印出图。

预览满意后，单击"确定"按钮，开始打印出图。

14.7 习题

1. 根据上机练习中第1题的步骤和方法创建其他三维模型。

2. 熟悉"打印"对话框中各主要选项的功能及其设置。

3. 用打印机或绘图仪打印本书各章练习中的图样。

第 15 章　绘制专业图

本章介绍创建样板图及机械和建筑专业图实例。

15.1　创建样板图

在新建工程图时，总要进行大量的设置工作，包括图层、线型、颜色设置、文字样式设置、标注样式设置等，如果每次新建图样，都要如此设置确实很麻烦。为了提高绘图效率，使图样标准化，应该创建个人样板图，当要绘制图样时，只需调用样板图即可。下面介绍样板图的创建方法。

15.1.1　样板图的内容

创建样板图的内容应根据专业需要而定，其基本内容包括以下几个方面：

1．绘图环境的初步设置

绘图环境的初步设置包括：进行系统设置、绘图单位设置、图幅的设置、图纸的全屏显示（ZOOM 命令）、捕捉设置、创建图层（设置线型、颜色、线宽）、创建图框和标题栏。

2．文字式样设置

文字式样设置包括：尺寸标注文字和文字注释样式。

3．尺寸标注样式设置

尺寸标注样式设置包括：直线、圆与圆弧、角度、公差等。

4．创建各种常用图块，建立图库

包括："表面粗糙度"、"形位公差基准符号"、"螺栓"、"螺母"等图块。

15.1.2　创建样板图的方法

下面介绍创建样板图常用的 3 种方法。

1．利用"新建"命令创建样板图

操作步骤如下：

① "新建"命令，打开"创建新图形"对话框，单击对话框中的"默认设置"按钮，然后单击"确定"按钮，进入绘图状态。

② 创建样板图的所需内容（见上一小节）。

③ 输入"保存"命令，打开"图形另存为"对话框，如图 15-1 所示，在"文件名"文本框中输入样板图名，如"A3 样板图"。在"保存类型"下拉菜单列表框中选择"AutoCAD 图形样板(*.dwt)"项，在"保存于"下拉列表框中选择"样板(Template)"文件夹或指定其他保存位置。

④ 单击"保存"按钮，打开"样板说明"对话框，如图 15-2 所示。

图 15-1　"图形另存为"对话框

图 15-2　"样板说明"对话框

⑤ 在"说明"文本框中可以输入样板说明文字后单击"确定"按钮，即可完成样板图的创建。

2. 用已有的图样创建样板图

如果在已经存在的图样中，其设置和所需图样设置基本相同时，也可以该图为基础，经修改后创建样板图。

操作步骤如下：

① 输入"打开"命令，打开一张已有图样。

② 修改所需设置的内容。

③ 删除图样中的图形标注和文字。

④ 输入"文件"→"另存为"命令，打开"图形另存为"对话框。在"文件名"文本框中输入样板图名，如"A2 样板图"。在"保存类型"下拉列表框中"选择 AutoCAD 图形样板(*.dwt)"项，在"保存于"下拉列表框中选择"样板(Template)"文件夹或指定其他保存位置。

⑤ 单击"保存"按钮，打开"样板说明"对话框。在"说明"文本框中输入说明文字后单击"确定"按钮，即完成样板图的创建。

用此方法来创建图幅大小不同，但其他设置内容相同的系列样板图非常方便。

3. 使用 AutoCAD 设计中心创建样板图

如果所需创建样板图的设置内容分别是几张已有图样中的某些部分，用 AutoCAD 设计中心来创建图样将非常方便，操作步骤如下：

① 输入"新建"命令，打开"创建新建图形"对话框。单击"默认设置"按钮，再单击"确定"按钮，进入绘图状态。

② 单击"标准"工具栏上的"设计中心"按钮 ⬛，打开设计中心窗口。

③ 在树状视图区中分别打开需要的图形文件，在内容区中显示出所需的内容，直接用拖动的方法分别将其内容复制到新建的当前图形中，然后关闭设计中心窗口。

④ 输入"保存"命令，打开"图形另存为"对话框。在"文件名"文本框输入样板图名。在"保存类型"下拉列表框中选择"AutoCAD 图形样板(*.dwt)"项，在"保存于"下拉列表框选择"样板(Template)"文件夹或指定其他保存位置。

⑤ 单击"保存"按钮，打开"样板说明"对话框，在输入样板图说明文件后单击"确

定"按钮，即完成样板图的创建。

15.1.3 打开样板图形

创建了样板图形后，在新建图样时，即可调用样板图形。当样板图形保存在"样板"文件夹时，可从打开的"启动"对话框或"创建新图形"对话框中单击"使用样板"按钮，在"选择样板"下拉列表框中选取所建的样板图名称，例如"A3.dwt"，即可创建一张已设置好了的样图。

当样板图形保存在其他文件夹时，可按指定路径打开此文件夹，再打开"A3 样板图"文件，即可绘制图样。

值得注意的是，在对打开的样板图已经绘制的图样做了设置修改后，准备保存时，一定要将图样名称更改后再保存，切不可按原文件名称"A3 样板图"保存，否则将以当前设置替换原样板图设置内容。

15.2 绘制机械图样实例

下面以图 15-3 所示的齿轮零件图为例，介绍机械图样的绘制以及绘制机械图样应注意的一些问题。

图 15-3 机械图样示例

1. 设置绘图环境
绘图环境的设置包括：

242

- 新建一个文件，输入文件名"齿轮"，并将其保存。
- 设置图层：包括粗实线、细实线、尺寸标注、剖面线、点画线、文字等图层。
- 设置文字样式。
- 设置尺寸标注样式。
- 设置图幅。
- 设置比例 1:1。
- 绘制图框和标题栏。

2．绘制主视图

绘制主视图的操作步骤如下：

① 选取"点画线"图层为当前图层。选取"直线"命令，绘制主视图和左视图的中心定位线，如图 15-4 所示。

图 15-4　绘制中心定位线

② 选取"偏移"命令，偏移直线"1"、"2"、"3"，偏移距离分别为"30"、"129.13"和"25"，如图 15-5 所示。

③ 选择"粗实线"图层为当前图层，选取直线"1"，"2"，"3"，修改直线为粗实线。选取"修剪"命令，修剪多余线条，结果如图 15-6 所示。

图 15-5　"偏移"图线示例　　　　　　图 15-6　修改直线示例

④ 选取"偏移"命令，按图 15-7 所示偏移水平点画线和水平粗实线。

⑤ 选取"偏移"命令，按图 15-8a 所示偏移距离为"9"的垂直线，并将其修改为粗实

243

线，然后修剪多余线条，结果如图 15-8b 所示。

图 15-7　偏移水平线示例图　　　　　图 15-8　偏移垂直线示例

⑥ 选取"倒角"命令，按图 15-9 所示对轮齿和轮缘进行倒角。在进行倒角时，可能有些线条会被删去，所以应补出。也可以在倒角时选择"不修剪"项，则可省去一些麻烦。

⑦ 选取"倒角"命令，绘制中心孔倒角，倒角尺寸为"1×45°"，如图 15-10 所示。

图 15-9　轮齿和轮缘倒角示例　　　　图 15-10　中心孔倒角示例

⑧ 选取"倒圆角"命令，按图 15-11 所示进行倒圆角。

⑨ 选取"偏移"命令，绘制齿轮的辐板孔，偏移辐板孔的轴线。偏移距离为"20"，修剪多余线条后如图 15-12 所示。

图 15-11　倒圆角示例　　　　　　图 15-12　绘制齿轮辐板孔示例

⑩ 选取"镜像"命令，绘制出齿轮的其他部分，然后删除下部的一条直线的多余部分。结果如图 15-13 所示。

3. 绘制左视图

绘制左视图的操作步骤如下：

① 选择"点画线"图层，绘制两条辅助线，捕捉辅助线与左视图中线的交点为圆心，绘制两中心线圆。

② 选择"粗实线"图层，绘制几条辅助线，利用辅助线与左视图中线的交点绘制其他圆，如图 15-14 所示。

图 15-13　齿轮绘制示例

图 15-14　绘制左视图示例

③ 利用辅助直线可以绘制其他倒角圆，如图 15-15 所示。

图15-15　倒角圆绘制示例

④ 删除辅助线条。

⑤ 选取"阵列"命令，阵列辐板孔，阵列数量为"6"。

⑥ 利用辅助水平线和"偏移"、"修剪"命令绘制键槽，键宽为"14"。

⑦ 选择"剖面线"图层，绘制主视图的填充图案。完成图形绘制，如图 15-16 所示。

245

图 15-16　绘制图形完成示例

4．注写文字和标注尺寸

（1）注写文字

选择"单行文字"命令，注写"技术要求"。标题文字高为"10"，"调质处理 220～260 HB"字高为"8"，如图 15-17 所示。

选择"单行文字"命令，填写"标题栏"如图 15-18 所示。

技术要求

调质处理220~260HB

齿轮	比例	
	数量	
制图		黄河水利机械厂
校核		

图 15-17　注写"技术要求"示例　　　　　图 15-18　填写"标题栏"示例

选择细实线绘制表格，选择"单行文字"命令，填写"参数表格"，如图 15-19 所示。

其余 $\frac{6.3}{}$

齿数	Z	99
法向模数	Mn	2.5
法面齿形角	α_n	20
全齿高	h	3.125
齿顶高系数	h*	1
分度圆螺旋角	β	12°14′
螺旋方向		左
变位系数	x	0
精度等级		8

图 15-19　填写"参数表格"示例

（2）标注表面粗糙度

① 创建或调用表面粗糙度图块。

② 选取"插入块"命令，插入表面粗糙度符号。

246

③ 编辑修改相应参数值，绘制结果如图 15-20 所示。

图 15-20　粗糙度和倒角标注示例

（3）标注尺寸

调用"尺寸标注"工具栏，标注"线性"尺寸，如图 15-21 所示。利用"快速引线"命令标注倒角尺寸和形位公差，如图 15-20 所示。机械图样绘制完成后如图 15-3 所示。

图 15-21　尺寸标注示例

15.3　绘制建筑图样实例

本例通过绘制建筑图来掌握常用命令以及建筑图制作技巧和常见处理方法。下面以图 15-22 为例讲解。

图 15-22　建筑图样示例

1. 设置绘图环境

本图例为建筑平面图，主要表明平面布置情况：包括房间、楼梯、墙线、门窗、走道、阳台等结构的形状和位置。

绘图前应设置绘图环境，其操作步骤如下：

① 创建一幅新图。

② 设置图幅范围，图幅选择 A1，使用"ZOOM"命令使图形全屏显示。

③ 设置图层。分别设置窗户、楼梯、门窗、墙线、轴线、文字、尺寸等图层。将轴线的线型设置为"CHNTER"（点画线），其余线型为默认。

④ 预设置捕捉模式为交点、端点、中点和圆心。

⑤ 比例设置为 1:100。常用比例是：1:100，1:200，1:50 等，必要时可用比例 1:150，1:300 等。

2. 绘制轴线

（1）绘制轴线

定位轴线是标定房屋中的墙、柱等承重构件位置的线，它是施工时定位放线及构件安装的依据。它是反映开间、进深的标志尺寸，常与上部构件的支承长度相吻合。按规定，定位轴线采用细点画线表示。绘制定位轴线如图 15-23 所示。

操作步骤：

① 在轴线图层上选择"直线"命令，在绘图区左侧绘制水平轴线 AN，如图 15-23 所示。

② 在轴线图层上选择"直线"命令，在绘图区左侧绘制垂直轴线 AB，如图 15-23 所示。

③ 偏移水平轴线，从 AN 线开始，然后分别以偏移的线为基准从上往下偏移，偏移尺寸分别为 3500、4200、1800、2700、1200。

④ 偏移垂直轴线，从 AB 线开始，然后分别以偏移的线为基准从左向右偏移，偏移尺寸分别为 2700、900、1500、1200、1200、1500、900、2700，如图 15-23 所示。

⑤ 修剪多余轴线。执行选择最外边的四条线，修剪四条线外边的部分。

（2）设置多线样式

① 选取"格式"→"多线样式"命令，打开"多线样式"对话框，如图 15-24 所示。

图 15-23　绘制轴线示例

图 15-24　"多线样式"对话框设置示例

② 在"多线样式"对话框中，单击"新建"按钮，打开"创建新的多线样式"对话框，如图 15-25 所示。

图 15-25　"创建新的多线样式"对话框

③ 在"创建新的多线样式"对话框的"新样式名"文本框中输入"WALL"，单击"继续"按钮，打开"新建多线样式"对话框，如图 15-26 所示。

④ 在打开的"新建多线样式"对话框中选取"直线"项的"起点"和"端点"以及"显示连接"复选框，在"图元"选项组中，在"偏移"文本框中分别输入"120"和"-120"，单击"添加"按钮，并删除原偏移量。按图 15-26 所示设置后，单击"确定"按钮返回"多线样式"对话框，如图 15-27 所示。

图 15-26　"新建多线样式"对话框设置示例

图 15-27　"多线样式"对话框设置示例

⑤ 用同样方法，新建名为"WALL1"的多线，在打开的"新建多线样式"特性对话框中设置偏移为"60"和"-60"。

⑥ 设置完成后，单击"确定"按钮，关闭"多线样式"对话框。

（3）绘制墙线

① 选取多线命令，根据提示，输入"J"设置多样式的对齐方式；输入"Z"，设置多线为"无"对正类型；输入"S"，设置显示比例；输入"1"，设定 1:1 绘制。

② 根据"指定起点"提示，单击"C"点，依次单击 D、E、B、F、G、H、I、J、K、L、M 点。

③ 提示："指定下一点或[闭合(C)/放弃(U)]："，输入"C"按〈Enter〉健，结束外墙绘制，如图 15-28 所示。

④ 选取"多线"命令，根据提示，输入"ST"，选择墙线样式；输入"WALL1"，选取"WALL1"样式。

⑤ 根据"指定起点"提示，指定 WALL1 墙线起点。

⑥ 根据"指定下一点"提示，指定墙线下一点。依次完成各点的绘制，如图 15-29 所示。

图 15-28 外墙绘制示例

图 15-29 内墙绘制示例

（4）编辑墙线

编辑墙线的操作步骤如下：

① 关闭"轴线"图层。

② 选取"修改"→"对象"→"多线"命令，打开"多线编辑器工具"对话框。

③ 利用"T 形闭合"、"T 形打开"和"角点结合"工具，进行图形修改，完成后如图 15-30 所示。

3. 绘制门窗

（1）绘制门

① 切换到"门窗"图层，在绘图区空白处，绘制如图 15-31 所示的门图样，半径为"900"。

图 15-30 编辑墙线示例

② 输入"BLOCK"命令，将门图形定义为块。

③ 利用"复制"、"镜像"、"旋转"和"移动"工具，将门放置在如图 15-32 所示的位置。

④ 切换到"墙线"图层，选取"分解"命令分解墙体。

⑤ 执行"打断"命令将门处墙体打断，如图 15-32 所示。

图 15-31 门图样示例

图 15-32 绘制门窗的示例

（2）绘制窗户

① 选取"矩形"命令，根据提示在绘图区其他地方任意指定一点，指定另一点"@900，240"，完成创建矩形。

② 选取"分解"命令，分解矩形。

③ 选取"偏移"命令，偏移较长的线段二次，偏移距离为"80"，如图 15-33 所示。

图 15-33 小窗户绘制示例

④ 利用"旋转"、"移动"和"复制"命令按图 15-32 所示放置，完成小窗户的绘制操作。

绘制大窗户的方法步骤与小窗户相同，大窗户的长为"1800"，宽为"240"。

251

4．绘制阳台

（1）绘制阳台

绘制阳台的操作步骤如下：

① 选取"多段线"命令，捕捉墙线的端点，指定下一点："@0，1600"；捕捉下一点，捕捉墙线的垂足。

② 选取"偏移"命令，指定多线段偏移，偏移距离为"60"，偏移方向为内侧。

③ 执行偏移命令后，完成"阳台1"的绘制。用同样的方法可以完成"阳台2"的绘制，如图15-34所示。

（2）阳台填充

绘制阳台填充图案的操作步骤如下：

① 选取"图案填充"命令，打开"边界图案填充"对话框。选择"ANGLE"图案，输入比例为"50"。

② 选取"阳台1"对象，单击"确定"按钮，完成"阳台1"的图案填充。

③ 用同样方法可以填充"阳台2"，结果如图15-35所示。

图15-34　绘制阳台示例

图15-35　填充阳台示例

5．绘制楼梯

（1）绘制楼梯踏步

① 选取"矩形"命令，在绘图区空白处指定一点；再指定对角点；输入"@2280，-3380"，绘制矩形。

② 选取"分解"命令，选取矩形对象，删除矩形两条短边。

③ 选取"直线"命令，输入"From"捕捉命令 ，指定基点为"@0，300"，指定下一点，捕捉垂线，完成直线绘制。

④ 选取"阵列"命令，打开"阵列"对话框，如图15-36所示设置，"行"输入"9"；选取直线对象；"行偏移"输入"300"，单击"确定"按钮，完成阵列如图15-37所示。利用"复制"、"偏移"矩形底边的方法来绘制楼梯踏步可能更为简单。

图 15-36　"阵列"对话框设置示例

图 15-37　绘制楼梯踏步示例

（2）绘制楼梯栏杆

① 选取"矩形"命令，在提示指定第一个角点时，捕捉楼梯底线的中点，输入"from"命令，指定角点为"110"；在提示指定第二角点时，捕捉楼梯的上方线中点，输入"from"命令，指定角点为"110"，完成矩形绘制如图 15-38a 所示。修剪后如图 15-38b。

a)　　　　　　　　　　b)　　　　　　　　　　c)

图 15-38　绘制楼梯栏杆示例

② 选取"偏移"命令，指定偏移距离为"90"，单击矩形内部确定偏移方向，完成偏移操作如图 15-38c 所示。

③ 选取"修剪"命令，选择外面的矩形为剪切边，选取直线为剪切对象，进行修剪，即可完成楼梯的绘制将楼梯定义为块，然后将楼梯"移动"到如图 15-39 所示的位置。

④ 选择"打断"命令，将客厅的内墙打断，如图 15-40 所示。

图 15-39　楼梯位置示例　　　　　　　　　图 15-40　内墙打断示例

6. 注写文字

① 设置文字标注样式，文字高度设置为"300"。

② 选取文字输入命令，依次输入厨房、客厅、洗手间、主卧、次卧等字样，如图 15-41 所示。

③ 采用"镜像"命令注写对称的左侧套房文字及其他部分，如图 15-42 所示。

图 15-41 注写文字示例   图 15-42 "镜像"示例

7. 标注尺寸

① 设置尺寸标注样式。在"直线和箭头"选项卡中，设置"基线间距"为 10；"超出尺寸线"和"起点偏移量"均为"2"；在"箭头"栏中选择"建筑标记"项；在调整选项卡选择"文字始终"保持在尺寸界线之间；"文字位置"选择"尺寸线上方，不加引线"。

② 标注尺寸。利用"标注"工具栏的命令可以按图 15-43 所示标注尺寸。

图 15-43 尺寸标注示例

15.4　上机练习

（1）要求

绘制图 15-3、图 15-22。

（2）操作步骤

见本章 15.2 节和 15.3 节。

15.5　习题

1．按照 15.1 节所述创建样图的内容和三种方法，创建"A3"样图。

2．根据专业需要绘制机械专业图样或建筑专业图样。具体方法和步骤可以按照 15.2 节和 15.3 节所述内容进行。

附录 AutoCAD 2007 常用命令

AutoCAD 2007 常用命令整理如下：

英 文 命 令	中 文 意 义	功 　 能
3D	三维	创建三维多边形对象
3DALIGN	三围对齐	在二维和三维中将对象与其他对象对齐
3DARRAY	三维阵列	创建三维阵列
3DCLIP	三维剪切	打开"调整剪切平面"对话框
3DCONFIG	三维系统设置	提供三维图形系统配置设置
3DDWF	三维 DWF 文件	显示"输出三维 DWF"对话框
3DFACE	三维面	画三维面
3DFLY	三维飞行	激活穿越飞行模式，使用户可在任何方向上（可以离开 XY 平面）导航
3DFORBIT	自由动态观察	使用不受约束的动态观察控制三维中对象的交互式观察
3DMESH	三维网格面	画三维多边形网格面
3DMOVE	三维移动	在三维视图中显示移动夹点，并在指定方向上将对象移动指定的距离
3DORBIT	三维动态观察	打开三维动态观察器
3DPAN	三维拖动	可以在透视视图中水平和垂直拖动三维对象
3DPOLY	三维多线段	画三维多线段
3DROTATE	三维旋转	在三维视图中显示旋转夹点工具，并绕基点旋转对象
3DSIN	3DStudio 输入	输入"3D Studio"文件
3DWALK	三维漫游	交互式更改三维图形的视图，从而使用户就像在模型中穿越漫游一样
3DZOOM	三维缩放	在透视图中缩放三维视图
A		
ABOUT	信息输出	显示有关 AutoCAD 的信息
ADCCLOSE	关闭 ADC	退出 AutoCAD 设计中心
ADCENTER	打开 ADC	打开 AutoCAD 设计中心
ALIGN	对齐	对齐二维或三维对象
ARC	圆弧	创建圆弧
AREA	面积	计算对象或指定区域的面积与边长
ARRAY	阵列	创建对象的阵列复制
ATTDEF	属性定义	定义属性定义
ATTDISP	属性可见性	控制属性可见性
ATTEDIT	属性编辑	编辑属性
ATTEXT	属性数据	提取属性数据
ATTREDEF	定义块	重新定义块并更新关联

英 文 命 令	中 文 意 义	功 能
B		
BASE	基点	为当前图形文件设置插入基点
BHATCH	填充	图形填充
BLOCK	块	创建块定义
BOX	长方体	创建三维实心长方体
BREP	删除记录	从三维实体图元和复合实体中删除历史记录
BMPOUT	BMP 文件输出	将指定.BMP 对象存至格式的图像文件中
BLOCKICON	块图标	对于 R14 或更早版本 AutoCAD 创建的预览图像
BOUNDARY	边界	将分闭域创建成面域或多线段
BOX	长方体	创建三维长方体实体
BREAK	打断	删除部分对象或将对象分成两部分
C		
CAMERA	照相机	设置照相机和目标的位置
CAMERADISPLAY	相机显示	控制是否在当前图形中显示相机对象
CHAMFER	圆角	对图形对象进行倒角
CHANGE	改变	修改现有对象的特性
CHPROP	修改特性	修改对象的颜色、线型、图层、线型比例因子、厚度、打印样式
CIRCLE	圆	创建圆
CLOSE	关闭	关闭当前图形
CMATERIAL	材质	设置新对象的材质
COLOR	颜色	为新对象设置颜色
CONE	圆锥体	创建三维圆锥体实体
CONVERTOLDLIGHTS	转换光源	将在早期版本中创建的光源转换为 AutoCAD 2007 格式的光源
CONVTOSOLID	转换实体	将具有厚度的多段线和圆转换为三维实体
COPY	复制	复制对象
COPYBASE	基点复制	复制指定基点的对象
COPYCLIP	复制到剪贴板	将对象复制到剪贴板上
COPYHIST	复制文本	将命令行中的文本复制到剪贴板上
CSHADOW	显示特性	设置三维对象的阴影显示特性
CUTCLIP	剪切到剪贴板	将对象复制到剪贴板中，并从图形中删除这些对象
CYLINDER	圆柱体	创建三维圆柱体或椭圆柱实体
D		
DASHBOARD	面板	打开"面板"窗口
DASHBOARDCLOSE	关闭面板	关闭"面板"窗口
DASHBOARDSTATE	面板状态	确定"面板"窗口是否处于活动状态
DDEDIT	文本编辑	编辑文本与属性定义

英 文 命 令	中 文 意 义	功　　能
DDPTYPE	点模式	设置点对象的显示模式与大小
DDVPOINT	三维模式	设置三维视点方向
DEFAULTLIGHTING	光源	打开和关闭默认光源
DEFAULTLIGHTINGTYPE	光源类型	指定默认光源的类型
DIM	标注模式	进入尺寸标注模式
DIMALIGNED	尺寸标注	创建对齐尺寸标注
DIMANGULAR	角度标注	创建角度尺寸标注
DIMARCSYM	弧长符号	控制弧长标注中圆弧符号的显示
DIMBASELINE	基线标注	标注基线尺寸
DIMCENTER	中心标注	创建圆或圆弧的中心标记或中心线
DIMCONTINUE	连续标注	创建连续尺寸标注
DIMDIAMETER	直径标注	创建直径尺寸标注
DIMEDIT	尺寸编辑	编辑尺寸
DIMFXL	尺寸界线总长度	设置始于尺寸线截止于标注原点的尺寸界线的总长度
DIMFXLON	固定长度	控制是否将尺寸界线设置为固定长度
DIMJOGANG	折弯标注	确定折弯半径标注中尺寸线的横向段角度
DIMLINEAR	线性标注	创建线性尺寸标注
DIMLTEX1	尺寸界线 1	设置第一条尺寸界线的线型
DIMLTEX2	尺寸界线 2	设置第二条尺寸界线的线型
DIMLTYPE	尺寸线	设置尺寸线的线型
DIMORDINATE	坐标标注	创建坐标尺寸标注
DIMRADIUS	半径标注	创建半径尺寸标注
DIMSTYLE	标注样式	创建、修改尺寸标注样式
DIMTEDIT	编辑尺寸	修改尺寸文本的位置
DIMTFILL	标注背景	控制标注文字的背景
DIMTFILLCLR	背景颜色	设置标注中文字背景的颜色
DIST	距离	测量两点的距离与有关角度
DISTANTLIGHT	平行光	创建平行光
DIVIDE	等分	沿对象的长度或圆周等间距放置点或块
DOUNT	圆环	创建填充的圆或圆环
DRAGVS	视觉样式	设置创建三维对象时的视觉样式
DSETTINGS	追踪模式	设置栅格捕捉、栅格显示、极坐标及对象捕捉追踪模式
DSVIEWER	鸟瞰	打开鸟瞰窗口
DVIEW	视图	通过使用相机和目标来定义平行投影或透视投影视图
DWFFRAME	打印边框	确定 DWF 边框是否可见以及是否打印该边框
DWFOSNAP	DWF 捕捉	确定是否已为附着到 DWG 的 DWF 启用了对象捕捉

英 文 命 令	中 文 意 义	功　能
DWGPROPS	图形特性	设置显示当前图形的特性
DXBIN	DXB 输入	输入 DXB 格式的二进制文件
DXFIN	DXF 输入	输入 DXF 格式的文件
DXFOUT	DXF 输出	输出 DXF 格式的文件
E		
EDGE	三维面边界	设置三维面边界的可见性
EDGESURF	三维网格	创建三维多边形网格
ELEV	标高	设置新对象的标高与厚度
ELLIPSE	椭圆	创建椭圆或椭圆弧
ERASE	删除	从当前图形中删除指定对象
ETRANSMIT	传递	将一组文件打包以进行 Internet 传递
EXPLODE	分解	将图形块中的组成单元分解为基本对象
EXPORT	输出	将对象保存到其他格式的文件中
EXTEND	延伸	延伸对象，使其与另一对象相交
EXTRUDE	拉伸	将二维对象拉伸为三维实体或曲面
F		
FILL	填充	控制对象的填充模式
FILLET	圆角	倒圆角
FIND	查找	查找、替换、选择或缩放文本
G		
GRAPHSCR	窗口切换	将文本窗口切换为图形窗口
GRID	栅格	控制当前视口中的栅格显示
GRIDDISPLAY	栅格显示	控制栅格的显示行为和显示限制
GRIDMAJOR	栅格频率	控制主栅格线相对辅栅格线的显示频率
GRIDUNIT	栅格间距	为当前视口指定 X 和 Y 栅格间距
GROUP	组	创建命名的对象选择集
GTAUTO	夹点自动显示	控制在三维空间中选择对象时夹点工具是否自动显示
GTDEFAULT	自动启动	控制在三维视图中（分别）启动 MOVE、ROTATE 和 SCALE 命令时，是否自动启动 3DMOVE、3DROTATE 和 3DSCALE 命令
GTLOCATION	夹点设置	为夹点工具设置默认位置
H		
HATCH	图案填充	用图案填充封闭区域
HATCHEDIT	填充编辑	修改填充的图案
HELP	帮助	显示在线帮助
HIDE	消隐	消隐
I		
ID	坐标值	显示用户指定坐标值

英 文 命 令	中 文 意 义	功　能
IMPOMRT	输入	将不同格式的文件输入到
INSERT	插入	将块或图形插入到当前图形中
INSERTOBJ	插入对象	插入链接或嵌套的对象
INTERFERE	三维组合	由两个或多个实体的公共部分创建组合三维实体
INTERFERECOLOR	设置干涉	设置干涉对象的颜色
INTERFEREOBJVS	干涉视觉样式	为干涉对象设置视觉样式
INTERFEREVPVS	视口视觉样式	设置在使用 INTERFERENCE 命令时当前视口的视觉样式
INTERSECT	相交	基于几个相交的实体或面域的相交部分创建一个实体或面域
ISOPLANE	等轴测图	确定当前等轴测图的面
L		
LATITUDE	纬度	指定图形模型的纬度
LAYER	图层	管理图层与图层特性
LAYOUT	布局	创建新布局，更名、复制、保存、删除已有的布局
LEADER	引线	创建引线标注拉长对象
LIMITS	范围	设置图形的创建范围
LINE	直线	创建直线段
LINETYPE	线型	创建、加载、设置线型
LIST	显示信息	显示指定对象的数据库信息
LONGITUDE	经度	指定图形模型的经度
LTSCALE	线型比例因子	设置线型比例因子
LWEIGHT	线宽	当前线宽、线宽显示选项、线宽单位
M		
MATCHPROP	特性复制	将一个对象的特性复制到其他对象
MATSTATE	材质	指明"材质"窗口处于打开还是关闭状态
MEASURE	指定位置	在对象指定间隔处放置点对象或块
MENU	菜单	加载菜单文件
MINSERT	多重插入	以矩形阵列形式多重插入指定块
MIRROR	镜像	镜像复制对象
MIRROR3D	三维镜像	三维镜像复制对象
MLEDIT	段落文本编辑	编辑段落文本
MLINE	多线	创建多线
MODEL	模型	从布局选项卡切换到模型选项卡
MOVE	移动	移动对象
MTEXT	段落文本	标注段落文本
MULTIPLE	重复	重复下一个命令，直到取消为止
MVIEW	浮动视口	创建浮动视口并打开已有的浮动视口

英 文 命 令	中 文 意 义	功　　能
N		
NEW	新建新文件	创建新图形文件
O		
OFFSET	偏移	创建同心圆、平行线或平行曲线
OOPS	恢复	恢复删除对象
OPEN	打开	打开图形文件
OPTIONS	选项	优化设置
ORTHO	正交	正交模式控制
OSNAP	捕捉	设置对象捕捉模式
P		
PAGESETUP	设置布局	设置布局页面、打印设备、图纸尺寸
PAN	移动	在当前视口中移动图形显示位置
PARTIALOAD	部分加载	将几何体加载到部分打开的图形
PARTIALOPEN	部分打开	将指定视口或试图中的几何体加载到图形中
PASTEBLOCK	粘贴块	在新图形中粘贴复制块
PASTECLIP	粘贴	将剪贴板中的内容插入当前图形
PASTEORIG	坐标粘贴	按照原始图形中的坐标将复制对象粘贴到新图形中
PASTESPEC	选择性粘贴	插入剪贴板中的内容并且控制数据格式
PEDIT	多段线编辑	编辑多段线和三维多边形
PERSPECTIVE	显示透视图	指定当前视口是否显示透视工作视图
PFACE	三维面	创建 M×N 的三维多边形网格面
PLAN	平面视图	显示当前坐标系统的平面图
PLINE	二维多段线	创建二维多段线
PLOT	打印	将图形输出到打印设备或文件中
PLOTSTYLE	打印样式	为新对象设置当前打印样式，或对指定的对象指定打印样式
PLOTTERMANAGER	打印管理器	显示打印管理器
POINT	点	创建点对象
POLYGON	多边形	创建多边形
PREVIEW	预览	预览打印格式
PROPERTIES	特性	控制已有对象的特性
PROPERTIESCLOSE	特性窗口	关闭"特性"窗口
PSPACE	图纸空间	从模型空间视口切换到图纸空间
PSOLWIDTH	设置宽度	为使用 POLYSOLID 命令创建的扫掠实体对象设置默认宽度
Q		
QDIM	快速尺寸	快速尺寸标注
QLEADER	快速引线	快速创建引线标注
QSAVE	快速保存	快速保存当前图形

英 文 命 令	中 文 意 义	功　　能
QTEXT	文本	控制文本和属性对象的显示与打印方式
QUIT	退出	退出 AutoCAD

R		
RAY	射线	创建射线
RECOVER	修复	修复损坏的图形
RECTANG	矩形	创建矩形
REDEFINE	恢复	恢复由 UNDEFINE 命令覆盖的 AutoCAD 的内部命令
REDO	重做	恢复执行 UNDO 或 U 命令之前的结果
REDRAW	重画	刷新当前视口中的显示
REDRAWALL	全部重画	刷新所有视口中的显示
REGEN	重新生成	重新生成图形并刷新当前视口
REGENALL	全部重新生成	重新生成图形并刷新所有视口
REGENAUTO	自动重新生成	控制图形的自动重新生成
REGION	面域	创建面域对象
REINT	重新初始化	重新初始化数字化仪、数字化仪 I/O 接口和程序参数文件
RENAME	重命名	更改对象名称
RENDER	渲染	创建三维线框或实体模型的照片级真实着色图像
REVOLVE	绕轴旋转	利用绕轴旋转二维对象的方法创建三维实体
REVSURF	回转曲面	创建回转曲面
ROTATE	旋转	绕基点旋转对象
ROTATE3D	三维旋转	三维空间旋转对象
RPREF	渲染参考	设置渲染参考
RULESURF	直纹曲面	创建直纹曲面

S		
SAVE	保存	保存当前图形
SAVEAS	另存为	按指定的文件名称
SAVEING	保存图像	将渲染的图像保存到文件
SCALE	缩放	缩放对象
SECTION	相交实体	通过使平面与实体相交创建域面
SELCET	选择	创建对象选择集
SETVAR	设置系统变量	显示或改变系统变量的值
SHADEMODE	着色	在当前视口中给对象着色
SHOWHIST	历史记录	控制图形中实体的显示历史记录特性
SKETCH	草图	创建草图
SLICE	剖切	用平面剖切实体
SNAP	捕捉	控制栅格捕捉方式
SOLDRAW	轮廓	在用 SOLCIEW 命令创建的视口中生成轮廓和截面

英 文 命 令	中 文 意 义	功 能
SOLID	实体	区域填充
SOLIDEIT	实体编辑	编辑三维实体的面与边
SOLIDHIST	默认历史记录	控制新对象和现有对象的默认历史记录特性设置
SOLPROF	实体轮廓	创建三维实体的轮廓图像
SOLVIEW	实体视口	创建浮动视口，用正投影法生成三维实体及体对象的多面视图与剖视图
SPELL	拼写	拼写检查
SPHERE	球	创建球实体
SPLINE	样条曲线	创建样条曲线
SPLINEDIT	样条曲线编辑	编辑样条曲线
STEPSIZE	步长	以当前单位指定用户处于漫游模式时的步长
STEPSPERSEC	步数	指定当用户处于漫游模式时每秒前进的步数
STLOUT	保存实体	以 ASCⅡ 或二进制文件保存实体
STRETCH	延伸	移动或延伸对象
STYLE	样式	创建或修改文本样式
STYLESMANAGER	打印样式	显示打印样式管理器
SUBTRACT	差集	执行差集运算
SYSWINDOWS	排列窗口	排列窗口
T		
TABSURF	曲面	创建平移曲面
TEXT	文本	标注文本
TEXTSCR	文本窗口	切换到 AutoCAD 文本窗口
TOLERANGE	形位公差	标注形位公差
TOOLBAR	工具栏	工具栏控制
TORUS	环实体	创建环实体
TRACE	轨迹	创建轨迹
TRIM	修剪	修剪图形
U		
U	回退	回退一步操作
UCS	用户坐标系	管理用户坐标系
UCSICON	UCS 图标	控制 UCS 图标的可见性
UNDO	放弃	放弃上一次的操作
UNION	并集	执行并集运算
UNITS	单位	控制绘图单位及其精度
V		
VIEW	视图	保存、恢复命名的视图
VIEWRES	分辨率	设置当前视口对象的分辨率
VPCLIP	剪裁	剪裁视口对象

英 文 命 令	中 文 意 义	功　　能
VPLAYER	图层可见性	设置视口中图层的可见性
VPOINT	三维视点	设置三维视点方向
VPORTS	视口	将绘图区域分成多个平铺或浮动视口
VSBACKGROUNDS	视口背景	控制是否在当前视口中显示背景
VSCURRENT	视觉样式名称	存储应用于当前视口的的名称
VSEDGECOLOR	边的颜色	设置边的颜色
VSEDGEJITTER	控制线条	控制使线条看起来就像是使用铅笔勾画的程度
VSEDGEOVERHANG	控制直线	使直线延伸到交点之外，以达到手绘效果
VSEDGES	边的类型	控制显示在视口中的边的类型
VSEDGESMOOTH	折缝边角度	指定折缝边的显示角度
VISUALSTYLES	视觉样式管理器	显示"视觉样式管理器"选项板，使用户可以创建和修改视觉样式，或将视觉样式应用于视口
VSHALOGAP	设置光晕	设置应用于当前视口的视觉样式中的光晕间隔
VSHIDEPRECISION	设置隐藏和着色	控制应用于当前视口的视觉样式中隐藏和着色的精度
VSINTERSECTIONEDGES	相交边	指定应用于当前视口的视觉样式中相交边的显示
VSINTERSECTIONLTYPE	隐藏线显示	控制是否在当前视口中显示隐藏线并设置其线型
VSLIGHTINGQUALITY	光源质量	设置当前视口中的光源质量
VSMATERIALMODE	材质显示	控制当前视口中材质的显示
VSMONOCOLOR	面的颜色	设置面的单色显示的颜色
VSOBSCUREDCOLOR	隐藏线颜色	指定应用于当前视口的视觉样式中隐藏线的颜色
VSOBSCUREDEDGES	隐藏线	控制是否显示隐藏边
VSOBSCUREDLTYPE	隐藏线线型	指定应用于当前视口的视觉样式中隐藏线的线型
VSOPACITY	面的透明度	控制当前视口中面的透明度
VSSHADOWS	阴影	控制视觉样式是否显示阴影
VSSTATE	视觉样式窗口	存储一个值，指明"视觉样式"窗口是否处于打开状态
W		
WBLOCK	块写入	将块写入到图形文件
WEDGE	楔体	创建三维实体并使倾斜面尖端沿 X 轴方向
WHOHAS	查询	显示打开的图形文件的所有权信息
WMFIN	输入	输入 Windows Meta 文件
WMFOUT	输出	将对象保存到 Windows Meta 文件
X		
XLINE	构造线	创建构造线
XPLODE	分解	分解对象
XREF	外部参考	在图形文件中控制外部参考
Z		
ZOOM	缩放	控制当前视口的显示缩放